QUESTIONS FONDAMENTALES II

Jean-Pierre WENGER

Questions fondamentales II

Édition : BoD · Books on Demand, 31 avenue Saint-Rémy, 57600 Forbach, bod@bod.fr
Impression : Libri Plureos GmbH, Friedensallee 273, 22763 Hamburg (Allemagne)

Impression à la demande
ISBN : 978-2-3225-3950-5
Dépôt légal : janvier 2025

I - Introduction

Il est maintenant question d'approfondir les thèmes rencontrés dans *Questions fondamentales*, de parcourir les chemins balisés par les textes des auteurs sélectionnés à l'époque et de commencer à esquisser quelques réponses nécessaires. Nous essaierons d'exposer les thèmes avec simplicité, cependant je rappelle que la connaissance réclame toujours un effort de compréhension et de réflexion.

Nous en profiterons aussi pour répondre à certaines critiques.

Les grands auteurs scientifiques et philosophiques interrogent l'Univers, le Vivant et la rationalité pour répondre aux questions fondamentales.

Nous constatons que depuis les temps les plus anciens, le Vivant a construit son questionnement à l'aide d'inscriptions et de peintures sur des murs de grottes, dans des lieux de culte et d'enterrement. Les premières réflexions ou croyances se traduisent par l'émergence des premières informations.

Il est curieux de constater que bon nombre de modernes semblent se détourner de ces questions, dans une rupture avec la réflexion profonde pour se perdre dans l'immédiateté et la futilité.

Le passé, leurs propres racines semblent les ennuyer.

Certains critiquent même la culture, faisant inconsciemment écho à un célèbre maréchal nazi qui pérorait : « Quand j'entends le mot "culture", je sors mon revolver ! » On bannit le savoir et on se repaît du superficiel, de jeux vidéo et de mangas. Cette sensation leur donne l'impression d'être dans l'action et le réel. Mais ils n'y substituent malheureusement qu'un activisme de figuration qui annihile le cerveau et les muscles. L'amusement continu supplante le réel, dont les limites se rappellent toujours à ceux qui l'ont fui. Nous trouverons toujours des gens pour dire : « oui, mais ça développe telle ou telle capacité » et on finit par vous vendre des programmes qui penseront à votre place.

Observons-nous les cultures ou les pays qui pratiquent des autodafés de livres en développant la pensée unique ? *A contrario*, il faut féliciter ceux qui se consacrent à étoffer la culture, à défendre le commerce des livres, à développer la pensée profonde, le questionnement, qui croient que les idées, donc les cerveaux, ont une valeur. Si la culture n'est pas une insulte, elle est pour certains un besoin !

Un peu de réflexion, de concentration, ne fait pas de mal et approfondit le savoir. La logique, la critique, les bonnes solutions se déduisent de la connaissance de textes nobles. L'instruction, la véritable culture sont une denrée riche à consommer sans modération.

Manier ces textes n'est pas une recherche de suffisance, mais celle d'un savoir sur lequel appuyer une honnête réflexion.

Le long de celle-ci se construisent peu à peu des routes logiques, déductives, qui nous font évoluer de chemin en chemin, en évitant les fausses croyances.

Les grands auteurs se consacrent à d'importantes réflexions, ils se répondent, se critiquent, se différencient, nous inspirant une route avec des avis plus sûrs.

Nous y retrouverons les thèmes fondamentaux de la succession du minéral jusqu'au Vivant, une histoire qui s'est écrite sans nous et qui, de surcroît, crée notre vie.

Alors pourquoi la négliger ?

À notre tour de nous confronter à ces questions.

J'aurais pu asséner les problématiques quantiques en cent pages dans un vocabulaire parfaitement hermétique, mais j'ai préféré commencer simplement et aller crescendo, laisser les problématiques se lover les unes dans les autres par souci de recherche de compréhension, au lieu de les classer par une structuration classique et rigide.

II - La rencontre

AUDREY

Bonjour, Maurian, je suis contente de te rencontrer, car nombre de personnes m'ont parlé de nos échanges et m'ont adressé plusieurs critiques qu'il me tardait de te soumettre.

MAURIAN

Ravi, moi aussi ! Nous allons pouvoir continuer à aiguiser nos réflexions, satisfaire notre curiosité et nourrir notre esprit.

AUDREY

Dans cette époque d'informations permanentes mais disparates voire confuses, nous choisissons d'étudier les causes fondamentales.

MAURIAN

D'approfondir les niveaux de connaissance.

AUDREY

Exactement, mais certains te répondront : « Mais je travaille après, je n'ai pas le temps. »

MAURIAN

Ce n'est qu'une question d'organisation, nous avons toujours un moment pour ouvrir un livre, parcourir quelques lignes. Veut-on se cultiver ou non ? Je connais des gens aux revenus modestes qui tirent des enseignements très judicieux du moindre article lu, susceptible de les faire progresser. D'autres, plus aisés, se cultivent. Par contre, certains consomment leur temps dans le paraître. C'est une question d'appréciation, d'approche de la vie, de situation vis-à-vis des sujets essentiels. Je dirais de respect de soi-même. Nous naissons incultes ; si certains veulent mourir sans la moindre connaissance, c'est une décision qui leur appartient.

Le savoir est comme la santé, la forme, le travail, c'est un effort que nous construisons. Nous avons tous des moyens de lire, de poser des questions, d'approfondir notre compréhension, à moins que certains jugent cela néfaste pour leur entendement. (Je prends le terme « savoir » au sens large.)

Lire les livres des grands savants ou des prix Nobel ne porte pas atteinte à son voisin, simplement parfois à notre orgueil et à toutes nos idées préconçues.

Observer la vie n'est pas tout. Il faut comprendre les rouages et la machinerie du spectacle que nous observons. Comment tel système physique ou biologique advient-il ?

AUDREY

Pouvons-nous assister à un film sans en comprendre le sens ?

Des lecteurs s'interrogent sur cette question de la rationalité et de l'irrationalité de la science. Franchement, qu'est-ce qui t'a pris d'initier ton propos par cette question ? La science est, pour tous les gens sensés, le corps de principes et de formulations de la rationalité, des équations indubitables, des démonstrations irréfutables. C'est la science statufiée. De plus, pourquoi avoir commencé par la thèse d'Edgard Gunzig lors de notre première rencontre ?

MAURIAN

Si la science dans ses équations est statufiée, elle n'exprime plus la réalité qui passe. Elle n'évoluera donc plus, ce qui est grave et contradictoire. Il faut la mettre dans un musée.

La science est-elle hors du temps, le subit-elle ou le traduit-elle pour l'expliquer ?

AUDREY

Comment est-ce possible ?

MAURIAN

Nous sommes hors du temps quand nous nous plaçons hors de l'Univers pour en envisager la totalité, c'est impossible et illusoire. Nous sommes dans le temps chaque fois que nous pouvons accélérer, ralentir une horloge, qu'il y a consommation d'énergie.

Le fondamental est-il, de tout temps, hors du temps ou emporté par lui ? Dans ce cas, le temps est une réalité profonde de l'Univers.

Il faut aussi se méfier des gens qui te disent que tout va si vite...

Il y a de multiples découvertes et thèses, révélées chaque jour. Ça ne veut pas dire que toutes sont fondamentales. Entre une réalité gravée dans le marbre ou un réel artificiel et une connaissance démontrée, il est parfois difficile mais utile de construire son chemin.

Il faut se méfier aussi des grands pontifes qui du haut de leur estrade te disent : « Ne vous posez pas autant de questions ! ça ne sert à rien ! dans cinq ans, nous aurons toutes les réponses. » Comble de l'orgueil ou de la bêtise ?

Vérités d'aujourd'hui, savoir circonstancié local, cas particulier, seront remis en question le lendemain, déséquilibrés par une autre question. Ainsi, toute la connaissance est relative à l'antériorité du savoir, aux moyens que l'on concentre, à l'objet d'étude, et ce n'est qu'une partie d'un tout qu'elle exprime dans la difficulté.

Il faudra aussi s'interroger sur ce que l'on entend par « rationalité », dans le sens de rationalité évolutive et de rationalité relative.

J'aurais pu commencer par une étude des idées d'Héraclite, d'Anaximandre, de Galilée à Newton, des conceptions de l'Univers ou de la réalité depuis l'Antiquité ou du sens du temps depuis Héraclite et Parménide, mais j'ai préféré commencer par un professeur einsteinien connaissant personnellement Casimir, qui a mesuré le vide.

Audrey

Étape importante dans la science.

Maurian

Paradoxe, le vide n'est pas rien, mais quelque chose de différent, avec un état qui lui est propre.

E. Gunzig, en disant que les conditions de démarrage et de fin de l'Univers étaient identiques, n'a jamais cru à la création ex nihilo et au point de départ absolu et fixe de l'Univers. Il fallait bien que l'abbé Lemaître amorce sa thèse, car les hommes ont besoin d'un point de départ et d'ancrage pour tous les raisonnements. Comme on dit, il faut bien un début.

Personne ne plante un panneau indicateur en disant : « Là commence l'Univers ou son rebond » ou « Voilà dans l'indétermination son origine supposée. »

Comment faire, puisqu'il n'y a pas d'espace et de temps ?

La plus grande difficulté est de faire admettre aux gens que l'Univers est lui-même sa propre limite et qu'elle est estimée.

Quand vous dites que les conditions d'origine et de fin sont les mêmes, ça veut dire qu'elles se reconduisent et emportent les définitions de ces notions. Ce ne sont pas des bornes plantées dans l'espace. D'ailleurs, qui les aurait placées ?

AUDREY

En plus, un trou noir comme explication centrale de l'Univers, franchement, même si tu reprends certains brillants auteurs ? Comment attribuer des formes à l'espace ? Qu'est-ce que ce dernier ? Quand nous croyons avoir trouvé une définition de ses dimensions, elles se multiplient, nous perdant dans des brumes imaginaires et d'autres questions comme celles des formes de combinaisons d'énergies, d'espaces hypothétiques. En somme, nous voguons de question en question, d'horizon en horizon. Ici, le terme « horizon » n'est pas choisi au hasard dans les hypothèses d'alternances de fins et de renaissances de l'Univers comme trou noir.

Tu sembles suivre Einstein et L. Susskind quand ils disent : « En somme, parler d'espace-temps, de formes, de géométrie, de dimensions, de quanta, d'atomes, de particules, de cordes équivaut à parler d'énergie et surtout avec L. Susskind de constitution de l'information. »

MAURIAN

Aristote traçait des droites sur le sable pour localiser des objets et démontrer ses idées, Descartes des vecteurs et des coordonnées. À l'époque, il suffisait à nos penseurs de marquer des points sur des droites pour définir, mesurer l'adéquation du tracé, du réel et du raisonnement. Einstein est arrivé et a dit : « Pas du tout, il n'y a pas de lignes droites dans l'espace, surtout près des planètes, mais des géodésiques. » Des curvilignes, c'est-à-dire des courbes formées par les masses, ou en mathématiques, des tenseurs.

La théorie quantique stipule : « la mesure n'est qu'un blocage référentiel et relatif à l'instrument que vous utilisez, sur lequel il y a un certain consensus d'idées proportionnelles entre lui et l'observateur. Vous en obtiendrez une expression que vous n'êtes pas du tout sûr de réobtenir. » Ainsi, toutes les mesures et lois ne sont que probables et relatives à un cerveau, à des stimuli et à un cadre référentiel, à une évolution technique près.

Jetez un dé de jeu, vous pouvez obtenir trois, six... Vous obtenez un chiffre, qu'est-ce qui vous garantit que vous allez le réobtenir ? Vous jetez le dé, le résultat est probable mais pas certain, ce sera entre un et six.

Le certain, le réel, s'estompe. Qu'est-ce que le réel ?

Vous mesurez avec un double décimètre aujourd'hui, demain avec un compteur atomique puis quantique, vous n'avez pas les mêmes résultats.

Les réalités ne sont que des formes informatiques, des combinaisons de lois et de temps. Si vous les attendez fixement, vous « statufiez » ce dernier également.

AUDREY

Ta main est tributaire des muscles, de la peau, du cerveau pour accomplir ton geste. Ce dernier n'influe en rien sur la vague de la masse d'air qui l'entoure.

Comment expliquer que nous voyons un monde stable alors qu'il virevolte dans sa réalité structurelle ?

Est-ce une question d'échelles, de profondeurs de perceptions ou de raisonnement ?

MAURIAN

C'est un barrage psychologique, épistémologique. Au lieu de se contenter de cela, c'est-à-dire du faux, il faut aller plus loin.

Tout, dans l'Univers et le Vivant, est composé d'organisations énergétiques à partir des chocs et contre-chocs du chaos, du mouvement brownien (agitation des grains de poussière révélant l'agitation des atomes et particules de base).

Si nous disons « structures énergétiques », nous transformons l'énergie fluide en solide, comme un arbre ou une voiture. Nous ne disposons pas d'une définition cohérente de l'énergie constituante. Nous disposons d'appellations différentes, eau, air, arbre... La division de la réalité en strates ou formes révèle des moments qui se dissimulent et déconstruisent le sens de la réalité.

L'eau, l'air, l'arbre sont constitués d'atomes.

Qu'est-ce que la réalité ? Le bras, la peau, la cellule, la molécule par rapport à l'atome, l'électron, le quark ? Comment la cerner ?

Question de sens, quel sens y aurait-il à dire : « celui-ci est plus réel que celui-là » ?

Si nous réduisons tout à des forces ou à des systèmes, qu'allons-nous obtenir ?

AUDREY

On parle d'espace, d'énergie, mais avons-nous de bonnes définitions de ces constituants ?

Qu'est-ce qu'une information ? Et pourquoi la placer dans un trou noir ?

MAURIAN

C'est l'extrême gravitation, le recul ultime à la recherche de la première cause, blocage de la raison.

AUDREY

Égoïstement, je te poserai la question : « Et nous alors ? Que devient ce que tu appelles notre information, celle qui crée ou renouvelle mon organisme ? »

Tu parles toi-même d'un espace, d'une énergie qui se tricote et se détricote, qui se déchire et se répare, ça ne fait pas sérieux ! Comment croire en la réalité de ce modèle ?

En plus, tu montres les erreurs de la science. Les personnes veulent des certitudes !

Tu parles à la fin de ton livre de la vie et de la mort. Non ! la mort est un sujet à fuir et qui vient bien vite malheureusement. Les lecteurs cherchent de la sécurité, du beau. De plus, je te vois grandement sourire !

MAURIAN

Oui, parce que certaines personnes m'ont dit : « Mais moi, je ne me pose pas de questions. Je ne veux pas voir ni savoir, moi je vis au hasard. »

Certains critiqueurs voudraient montrer qu'il n'y a aucun problème, que tout s'agence dans une continuité harmonieuse. Si nous reprenons les comptes-rendus des chercheurs eux-mêmes, l'histoire des sciences est celle des erreurs, des essais et des remises au travail.

Pour la fin du livre, la mort fait partie de notre Univers de réalité, il faut donc la traiter.

AUDREY

Pourquoi critiques-tu dans une courte argumentation inachevée les notions de temps, d'espace, de distance, de vitesse ?

MAURIAN

Justement, je vais repartir de ce point, car la faiblesse de l'argumentation dans *Questions fondamentales* à ce sujet était volontaire, due à la recherche de simplicité, à la volonté de n'être pas trop long, mais laissait le champ libre aux spécialistes et ouvrait sur deux raisonnements d'Einstein. L'un par rapport à Newton qui faisait de l'espace et du temps deux absolus, l'autre à la théorie des quanta. C'était simple, partout où vous vous trouviez dans l'Univers, il suffisait de capter le temps et l'espace universels pour avoir vos coordonnées.

Manque de chance, ça ne fonctionne pas comme cela.

Chaque lieu possède son temps et vice versa. Ainsi, si vous placez deux horloges, l'une sur une tour et l'autre au niveau du sol, vous avez deux lieux et deux temps différents.

Si vous placez une horloge dans une fusée et une autre restant sur Terre, cette dernière vieillira plus vite et avancera dans le temps par rapport à l'autre.

Le temps et l'espace sont relatifs vis-à-vis de la seule constante de la vitesse de la lumière.

Tous les différents lieux sont équivalents et prennent leur sens vis-à-vis de cette constante, dans la mesure où elle n'a jamais été prise en défaut dans notre Univers.

Vous ne pouvez rien faire d'autre que de dire qu'entre deux points arbitrairement choisis, la lumière mettra un certain temps à parcourir la distance et qu'elle devient ainsi le référent ultime.

AUDREY

Oui, tant que la lumière existe, mais quand elle n'est pas encore advenue ?

MAURIAN

Attention, Einstein relie C (abréviation de la constante de la lumière) à l'énergie et à la masse. Tu as raison, avant l'avènement du photon, la vitesse de la lumière a été dépassée.

Quand le temps n'était pas né, y avait-il des relations constituées ?

C'est là que prendrait naissance une autre science antérieure (théorie quantique ?) et c'est ce qui constitue le pari d'Einstein. Il a misé sur l'équivalence masse/énergie, la masse est une référence. Dans sa célèbre formule, quelles relations se nouent entre les différents termes ? Toute source d'énergie émet un rayonnement, un signal qui trahit sa présence. Ainsi, avant l'apparition du photon, dans l'Univers opaque figuraient des températures, des énergies différentes, des compositions qui existaient déjà.

Ici, l'expression de Masse est employée dans le sens de repousser un volume, non un poids.

Mais Einstein croyait à une réalité explicative indubitable qui, de ce fait, devait impérativement aussi englober cette étape.

À ce niveau basique, nous trouvons les quanta d'énergie. La théorie devait expliquer aussi les inégalités de Bell (information lointaine entre atomes, au-delà de la distance et du temps que met la vitesse de la lumière à les joindre et liée au fameux argument EPR).

Einstein croit en une vérité, mais se trouve à l'origine d'une théorie de la relativité et d'une théorie quantique qui débouchent sur des indiscernables, des probabilités qu'il ne peut réunir.

Équations d'un côté et probabilités de l'autre, masse et gravité opposées aux quanta infimes et indisciplinés de l'autre.

Einstein explique la lumière par les quanta. Mais elle se présente parfois sous forme de quanta, parfois sous forme d'onde pour son passage à travers les fentes de Young ou dans les expériences de Morley et Michelson. La théorie quantique fonde la séparation entre l'onde et la particule, et les expériences ne trouvent pas d'explication à cette dualité ni aux chemins que les particules empruntent, si ce n'est l'explication humoristique d'A. Wheeler qui dit : « L'électron attend que l'expérience soit achevée dans celle des miroirs pour déterminer quelle route il va choisir, droite ou gauche. »

Tes questions nous conduisent au centre des débats. Que voulons-nous dire quand nous parlons d'espace, de temps et d'énergie ?

Ce sont des concepts, des idées que nous associons.

Quels rapports entretiennent-ils avec ce que nous appelons « réalité » ?

Nous allons partir des origines du Vivant et du cerveau pour comprendre comment ils surgissent dans notre conscience.

1) Orchestrations du Vivant

AUDREY

Dans le Vivant, la vie prouve son dynamisme par divisions, multiplications, destructions et remplacements.

MAURIAN

Tu viens d'utiliser un mot, « la vie ». Mais qu'est-ce que la vie ?

AUDREY

Une animation, une volonté qui fonctionne, qui suit un objectif.

MAURIAN

En résumé, un moyen, un système qui se guide.

AUDREY

L'organisme qui se divise ne s'affaiblit pas, bien au contraire, il s'accroît, se renouvelle, assure sa pérennité. Il détermine des buts selon une informatique contenue dans chacune de ses cellules.

Dans le Vivant, l'information des parents est transmise par les gènes qui renferment les chaînes d'acides aminés. Ils forment les enchaînements de protéines.

MAURIAN

Le patrimoine génétique est stocké dans deux vecteurs, l'ADN et l'ARN. L'ADN se compose de quatre lettres, quatre petites molécules appelées les nucléotides, pour coder, traduire et exprimer les séquences d'information : G la guanine, C la cytosine, T la thymine et A l'adénine, ce qui entraîne des séquences du genre : GCTTACC... Notons que dans l'organisme, si une phase relie, il y en a une autre qui traduit, comprend et trie les messages. Ces chaînes se lient par complémentarité : la thymine se lie avec l'adénine, la guanine avec la cytosine. L'ADN sert à composer l'ARN. Il est constitué des mêmes nucléotides, à une exception près : U (uracile) remplace T.

Il est dit messager ou transcrit de l'ADN.

Chaque cellule recèle l'intégralité de l'information génétique de tout l'être, appelée aussi le génome.

Là, il faut bien insister : CHAQUE cellule renferme TOUTE l'INFORMATION du corps.

Une cellule, c'est le livre du corps qui contient des milliards de messages.

Nous avons là le livre informatique de l'être, mais les cellules ne l'expriment pas complètement.

L'histoire et l'expression des gènes codent la richesse des adaptations de chaque individu.

En 1970, nos prix Nobel J. Monod et F. Jacob avaient décrit le rôle des ADN et ARN, la double hélice, la transcription et le codage de l'ARN sur l'ADN et leurs futures utilités dans la recherche et l'élaboration de traitements, pour se servir de l'ARN et introduire dans l'ADN des informations modifiées, utilisées pour guérir les maladies graves.

Ces illustres chercheurs détaillaient à longueur de livres avec de multiples précisions leurs découvertes et procédures.

Il est surprenant d'entendre nombre de commentateurs alimenter des polémiques au sujet de traitements nouveaux. Des médecins prenant la parole pour défendre telle ou telle thèse ou s'y opposer, alors que les travaux de base étaient français, initiés par des chercheurs ayant été récompensés par les plus hautes distinctions pour l'importance de leurs recherches dans le domaine de la biologie et de la santé.

Je sais bien que quelqu'un avait dit il y a bien longtemps : « Nul n'est prophète en son pays. » Mais tout de même, avoir une aussi piètre culture et faire de grands commentaires ?

Ce manque de connaissances et d'instruction est alarmant.

Pour en revenir à nos propos, que ce soit le cerveau, l'hippocampe, les différentes zones dans leurs plus petites expressions, les organes, tissus, muscles, les maladies ou les déviances, tous obéissent à l'expression d'un ou plusieurs gènes, soit par défaut, soit par excès.

Tout au long du développement de l'être, nous allons retrouver ces deux antagonismes, soit par proaction, soit par inhibition.

Le Vivant va toujours utiliser le même stratagème, il va concentrer dans le temps une substance chimique et parallèlement vider un endroit correspondant. Ce plein va créer le mouvement inverse. Le plein et le vide vont alterner, créant une nouvelle substance.

Le Vivant utilise deux séries de messages connus, la conduction électrique et les messages chimiques.

AUDREY

Les échanges chimiques sont axés sur les bases et les acides, les complémentarités des échanges universels (forces et éléments).

MAURIAN

Nous avons un parfait exemple avec le système nerveux, qui allie les deux composantes (électriques plus et moins, et chimiques, acides/bases).

Les cellules nerveuses construisent l'information. Les neurones contiennent tous les constituants des cellules du corps, les mitochondries qui produisent l'énergie, les noyaux qui contiennent le code génétique, les protéines... Tous les neurones sont spécialisés, ils traitent et collectent des stimuli différents, les encodent et les dirigent vers des receveurs spécifiques. L'émission d'éléments chimiques, les neurotransmetteurs, déclenche des réponses électriques. Le système nerveux assisté de cellules spéciales (les gliales) constitue le routage et aiguille les traitements des informations. Qu'il soit périphérique ou central, sympathique ou parasympathique, le système nerveux capte des différences et variations de potentiels, variations de quantité et qualité, qu'il transmet au cerveau. Il capte la chute ou l'excédent des dosages.

AUDREY

Tous les messages ne sont pas conscients, de nombreuses informations servent à la régulation et à la bonne marche du fonctionnement interne, inconscient, du cerveau et des organes dans l'inconscient général.

Certaines zones du cerveau, comme le cortex, le thalamus ou l'hypothalamus, servent de centres d'aiguillage ou de régulateurs.

Les neurones, par saturation ou manque, envoient des signaux électriques à la moelle épinière, qui répond en fonction des seuils. C'est ce que l'on appelle un potentiel d'action qui, en réponse, va émettre des neurotransmetteurs de proche en proche, des éléments chimiques. C'est une transmission par signaux chimiques et électriques.

Page 58 du livre *Psychobiologie* de Breedlove, Rosenzweig et Watson : « Par un héritage de l'évolution, toutes les cellules vivantes possèdent une charge électrique. Ce processus de communication bioélectrique se retrouve des insectes aux êtres humains comme système de communication. »

Le neurone est polarisé négativement. Les particules se déplacent d'un emplacement de fortes concentrations à un autre de faibles concentrations (la nature fonctionne aussi selon la thermodynamique). La membrane du neurone va par exemple utiliser ce que l'on appelle la pompe sodium-potassium. Elle va éjecter des ions sodium, et attirer des ions potasse.

Pour simplifier l'explication : autour d'un élément, d'un atome, d'un côté d'une membrane, des atomes, des ions sont sortis par réactions chimiques ou électriques. Ce manque, ce vide d'un côté va créer un amalgame de l'autre. L'équilibre premier rompu va se rétablir en comblant le manque et vider le trop-plein. Cette compensation engendre une alternance plus ou moins lente à la base de la création dans le Vivant des vertèbres, des phalanges, des yeux..., c'est la base de la communication, des actions de la marche, de la compréhension d'un problème de mathématique à la composition d'un morceau de musique (page 58).

Ainsi, à toute entrée d'ions K positifs dans le cytoplasme correspond une sortie d'ions K positifs hors de la cellule, retrouvant un équilibre de potentiel au repos (page 60 du livre *Psychobiologie*).

MAURIAN

Nous oscillons d'un état de repos appelé potentiel de repos ou basse polarisation, à une accumulation avec émission de neurotransmetteurs chimiques basée sur une entrée puis une sortie d'ions.

Nous retrouvons notre processus de base : basse polarisation, hyperpolarisation et retour à l'état d'équilibre.

« Toutes les cellules vivantes viennent historiquement du milieu marin et ont appris à l'utiliser. Elles utilisent des signaux électriques et chimiques. »

« Une loi physique régit la transmission des stimuli. Comme des ondulations qui se propagent à la surface d'un étang, le potentiel se propage le long de la membrane, décroît en fonction du carré de la distance parcourue » (page 63).

L'information est construite par une succession de bouffées de potentiels d'activités d'intensités variables puis de dépolarisations. On peut les associer à des vagues ou des ondes. À titre d'exemple, les vitesses calculées dans le corps humain commencent à moins de 100 mètres par seconde, soit 360 kilomètres-heure environ.

Cette vitesse varie selon le diamètre des axones (tubes de transmission du neurone) et atteint pour certains cinq cent quarante kilomètres-heure.

Je rappelle ici que c'est la vitesse de déplacement de l'influx chimique dans le neurone et la membrane. La vitesse de cet échange est ralentie par rapport aux particules de l'Univers et par la nature des supports.

Dans le cerveau, de nombreux neurones électriques sont en configuration bien plus proches et transmettent sans se nuire.

AUDREY

Je voudrais revenir sur un point précis, la cellule est normalement polarisée négativement. Une stimulation la dépolarise.

Nous pourrions dire que c'est un jeu d'additions et de soustractions, d'influx positifs et négatifs. Hélas ! ce n'est pas le cas, le résultat est aussi influencé par la distance qui sépare le début et la fin de l'émission. Il y a génération d'un gradient de distance. La baisse de l'influx agit sur la réponse.

La somme des potentiels est appelée « sommation spatiale ». Le potentiel ne se constitue et ne démarre que si l'action dépasse un certain seuil pour déclencher dans un sens et ramener l'activation au seuil initial.

La réponse est proportionnelle à ces derniers. La notion de seuils le plus haut et le plus bas est capitale pour le fonctionnement de l'organisme. Elle tient compte de la proximité, de l'espace et du temps des accumulations et des dépolarisations.

Je prendrai un autre exemple : il faut que la polarité retombe à son seuil pour traiter et codifier d'autres stimuli successifs. Elle est donc aussi conditionnée par une période réfractaire.

L'élaboration des signaux dans la communication et dans la perception obéit à ces processus de complémentarités, de déséquilibres et de compensations entre substances chimiques, mais aussi en langage de base entre les atomes et les quanta d'énergie.

MAURIAN

Nos perceptions et sensations sont proportionnelles aux seuils, aux intensités des polarisations-dépolarisations, aux alternances.

Les proximités dans le temps se cumulent et créent ce que l'on appelle la « sommation temporelle ».

Le codage des stimuli et les alternances, les jeux de potentiels, les processus nerveux usent de l'espace-temps.

AUDREY

Mais nous venons de voir que ces deux notions sont constituées chimiquement en nous. Je ne vois pas pourquoi nous en ferions des critères de référence, des lois.

MAURIAN

Qu'est-ce que la pensée, si ce n'est une tension électromagnétique entre des potentiels de zones chimiques et électriques ? Les premiers potentiels sont la réaction de la vie des protéines à l'eau des océans, qui les façonne avec l'eau et le sel.

Tout comme il faut remplir un barrage avant de le vider, il faut une polarisation avant une dépolarisation.

Pour l'élaboration des messages, dans l'information, les neurones sont capables de créer, de traiter et de traduire, et donc d'utiliser, des excitations chimiques et électriques, des impulsions, en messages. Ils créent le vocabulaire de l'organisme (le créent et l'impriment dans le gène, puis l'expriment).

Les zones du cerveau se sont spécialisées dans l'évolution pour traiter certains signaux, mais toutes sont en correspondance pour rendre une synthèse significative et efficiente.

Le cerveau est un ensemble électrochimique complexe qui, au-delà de certains seuils, capte et assigne des stimuli, les assimile, les traduit, gère l'ensemble en correspondance.

Il réagit aux captations externes (drogue, alcool, stimuli divers), aux stimulations et sécrétions internes comme les hormones, l'hypophyse, l'hypothalamus, le pancréas ou le nerf vague. Ces émissions vont accélérer ou freiner les réactions chimiques des potentiels, qui vont se trouver contrôlés.

Les hormones stéroïdiennes développent, codifient, modifient certaines séquences de l'ADN.

L'évolution du cerveau, des comportements, des adaptations, des morphologies, des résistances, de la reproduction ont entraîné une évolution naturelle et génétique, une sélection naturelle et sexuelle, en même temps que des autorégulations et des déviances d'élaboration. Des ensembles se trouvent renforcés, d'autres affaiblis, dans leur répartition sur le globe. Les habitudes nutritives des régions, des microbiotes, façonnent les gènes.

C'est l'ensemble de l'être humain qui a évolué.

Les techniques nouvelles, les guerres, les rencontres et les immigrations à la surface du globe, la complexité des relations sociales et des différentes stratégies pour survivre, se reproduire, manger, se défendre, font évoluer le Vivant, modifient le câblage des neurones, les schémas d'évolution du cerveau des amphibiens jusqu'à l'homme et continuent à le transformer. La différence génétique de 1 % entre le singe et l'homme s'explique par la différence entre les gènes et leur expression.

Des études faites sur les ARN et les protéines du cerveau, du foie, des globules blancs des hommes et des primates (page 172 du livre *Psychobiologie*) montrent que le comportement et l'environnement influent sur l'expression génétique dans la constitution de l'information.

AUDREY

Rappelons que l'information est une modification en plus ou en moins d'un enregistrement qui, de ce fait, devient nécessaire.

MAURIAN

Pour cette adaptation, la richesse de notre cerveau a besoin de quelque cent milliards de neurones, qui meurent et se renouvellent à la cadence de deux cent cinquante mille par seconde, les connexions s'élèvent à quelque cent billions, c'est-à-dire cent mille milliards (page 177).

2) Évolution et information

AUDREY

Le développement du fœtus depuis la fécondation est un exemple de programmation.

Les divisions et multiplications, les variations de différences, se succèdent à partir de 46 chromosomes, 23 de chaque parent, pour former en quelques semaines l'ébauche du futur être.

À la huitième semaine, toutes les esquisses des organes sont présentes. Le système nerveux se développe.

Le rôle des cellules se spécialise, la régulation s'opère. Nous constatons une double influence réciproque entre le rôle des cellules, l'organisme et l'environnement, les parties du tout et le tout en situation.

À ce stade de développement, les cellules défectueuses sont immédiatement remplacées.

Les efficientes se cadrent et sont codées par des gènes spécifiques et l'entourage immédiat devient une source de conditionnements, un ensemble informatique. Nous voyons donc deux niveaux : les gènes qui possèdent l'information globale et les cellules, moyens opérants, qui cherchent leur expression.

Des études ont débouché sur l'emploi de cellules faiblement différenciées, voire modifiées, créées à partir de cellules souches pour les placer auprès d'autres. Les seules conditions sont le cadrage et la continuité de la transmission. Entre cellules normales et zones du cerveau, l'information se transmet.

Cette programmation nécessite des épuisements, des remplacements, la mort de certaines cellules, la césure de nombreuses séries.

MAURIAN

La mort de nombreux neurones et cellules conditionne les stades de développement précoce et façonne le renouvellement et l'adaptation des systèmes qui s'organisent et se régulent.

Les cellules et les neurones meurent à la suite de l'action d'un gène de la mort, c'est une déprogrammation, une dégradation qui s'exprime par les « caspases », enzymes qui fragmentent les ADN.

Deux gènes de mort et de vie s'opposent, bloquent ou libèrent des protéines.

AUDREY

Comme quoi, nous sommes si peu de chose ! nous dépendons d'une production de protéines, comme l'enzyme qui, réchauffée par la terre, recommence son travail de micro-synthèse et fait redémarrer l'activité de la racine de l'arbre au printemps.

Dans le neurone (page 188) pénètre du calcium, une concentration augmente dans le cytoplasme.

Quand les mitochondries sont atteintes, ces dernières libèrent une protéine nommée « diablo ». Cette dernière se fixe sur les « caspases », dont l'activité en cascade détruit les protéines et l'ADN.

Il n'y a plus de survie possible. Dans un ensemble, ceci est une condition nécessaire au renouvellement ou à la mort.

Dans l'organisme, nous surprenons le rapport proche vie/mort, césure/renouvellement.

Dans le Vivant, les interactions, la régulation et les influences génétiques entre cellules et neurones conditionnent la mort. Il faut comprendre que nous assistons à une alternance de vie et de mort.

Les neurones, les synapses, les cellules se renouvellent sans cesse, comme si la vie devait absolument remplir un vide.

Paradoxalement, nous avons une réponse curieuse, la mort est nécessaire au développement de la vie, et surtout dans le circuit de transmission des ordres.

Mort des cellules, des parties pour construire, adapter et développer l'ensemble. Partout où il y a une place, un contenant défini, une capsule d'énergie en vie, il faut renouveler sans cumul et multiplication infinie. Que serait un vivant qui se multiplierait à l'infini ?

Il y a donc un schéma à suivre, une limite et un cadrage.

3) Systèmes évolutifs

Audrey

Nous retrouvons encore notre dualité, la vie est le développement des gènes, mais en confrontation aux milieux qui en limitent les expressions et façonnent les séries.

La richesse de l'expérience développe et module la formation des synapses, des neurones et des capacités intellectuelles, les adapte pour fonctionner avec leur entourage.

Les organes sensoriels captent les différentes expressions et modulations des énergies, par exemple sous forme de fréquences. Les animaux sont spécialisés dans leur domaine de chasse et de survie. Les hommes n'entendent pas au-delà de vingt mille hertz, les chauves-souris atteignent cinquante mille hertz. Nous pourrions citer la vue perçante de l'aigle, le sonar du dauphin qui envoie des ondes qu'il récupère et qui lui signalent ses proies.

Tous les sens, comme la vision, l'audition, le toucher, le goût ou la douleur, utilisent le même stratagème du potentiel d'action. La pression sur l'œil modifie le potentiel d'action de la rétine ainsi que l'onde sur le tympan, le récepteur de la peau, des papilles de la langue. Des cellules sont spécialisées dans la détection, le repérage de l'énergie correspondant aux seuils de leurs récepteurs et vice versa. Ces modulations convertissent le signal énergétique en potentiel et en signal électrique. Les cellules réceptrices sont essentielles à la traduction des affects, des énergies extérieures, en conductions neuronales et transmissions des messages au cerveau via la moelle épinière. Le système nerveux est sensible aux modifications des seuils. Les deux s'influencent mutuellement. Les différentes informations circulent du cerveau à la périphérie et vice versa.

Bien sûr, un neurone est une sorte de câble (vivant) dans lequel plusieurs champs et relais de transmission se succèdent. Tous les influx nerveux arrivent au cortex sensoriel, qui assigne et synthétise l'association de plusieurs zones de sensibilité.

Nos sens traduisent les tensions, qui se convertissent en impulsions et en messages.

L'audition capte les variations d'intensité et de fréquence.

L'intensité, c'est l'amplitude, c'est la pression ou la force par surface, c'est un volume de son au centimètre ou au millimètre carré. La fréquence, c'est le nombre de cycles par seconde ou hertz (page 249).

La membrane du tympan vibre et perturbe la chaîne des osselets. Nous retrouvons notre schéma habituel. Les cellules ciliées vibrent et laissent entrer des flux d'ions qui créent une dépolarisation ionique, puis une polarisation inverse entraînant le potentiel d'action jusqu'au centre auditif du cerveau.

Le tronc central, le cortex traiteront ensuite les excitations et inhibitions, les variations de polarisation, de dépolarisation des potentiels.

Il en va de même pour les molécules qui pénètrent dans le nez et excitent les protéines des neurones récepteurs qui conduisent à la dépolarisation-polarisation et au potentiel d'action des neurones.

La vision centrale permet de répondre aux urgences ou à la vie de tous les jours. Elle permet d'éviter les prédateurs, de sélectionner sa nourriture, de choisir un partenaire sexuel, ses lieux de repos, de repas, de vie...

La vision est construite phase par phase.

Cent millions de photorécepteurs tapissent le fond de la rétine. Le système nerveux central traite les excitations des neurones correspondants.

Au début, les yeux ne captent que des différences de teinte issues de la réception de la lumière et de la sensibilité des cellules qui tapissent le fond des yeux. La vision est composée de teintes de gris plus ou moins claires et foncées. Les cellules s'adaptent par l'acclimatation successive qui modifie l'apparence, la proximité et la définition des objets. La sensibilité neuronale a conditionné les Vivants. Ces derniers vivent l'entourage défini par leurs sens et leur cerveau.

Les différences de concentration obligent la vision à une focalisation de plus en plus précise. La mise au point, la recherche de netteté de l'objet se produit en modifiant la forme du cristallin.

Quand il fait sombre, des cellules spéciales, les bâtonnets, s'activent. Lorsque la lumière augmente, d'autres cellules spécifiques, les cônes, prennent le relais.

Le Vivant s'adapte aux photons, à la captation de la lumière.

Face aux photons, aux quanta, des protéines se modifient, sont émises en entraînant des réactions comme la fermeture de canaux (Ca positifs), créant des hyperpolarisations, des variations électriques et chimiques. Nous retrouvons toujours une polarisation et une dépolarisation. Quand la Nature, le Vivant, ont mis au point des processus qui fonctionnent, ils en usent au maximum.

La vision est la preuve flagrante à tous les stades de ces adaptations neuronales (pour toutes les teintes et luminosités, formes et mouvements).

La perception de la couleur focalise l'attention et détache l'objet de l'environnement.

Maurian

Il ne s'agit pas pour nous de décrire dans la plus grande finesse le moindre processus, mais de décrire les grands systèmes permettant au Vivant d'organiser ses énergies et de construire ses informations.

Le système humain peut se déplacer, modifier sa vitesse, employer sa force, calibrer ses gestes en fonction de sa dépense d'énergie et de sa perception.

Une nouvelle fois, l'adaptation a façonné pas à pas l'élaboration des systèmes. Le squelette est la partie dure du maintien des organes et de la position adaptative, la moelle épinière est la partie commande du système locomoteur, les muscles la partie action, le cerveau la partie traitement et décision.

Le squelette est adapté à son type d'environnement : saisir, chasser, manger, marcher, courir, grimper, nager et trouver par son cerveau de quoi aller plus loin, bondir, voler, s'affranchir de la pesanteur, chercher.

Les différents types de muscles animent le squelette.

Nous retrouvons dans la complémentarité des muscles extenseurs et fléchisseurs notre schéma général.

La jonction neuromusculaire est un modèle d'adaptation et d'ingénierie. C'est ce que l'on appelle « les motoneurones », connexions entre les neurones, les muscles et la moelle épinière. C'est ce qui véhicule les potentiels d'action.

Le système musculaire ne se contracte que si les motoneurones de la moelle épinière, les zones et les nerfs issus du fonctionnement du cerveau lui envoient des potentiels d'action qui libèrent les neurotransmetteurs. Mais comme il contrôle en même temps, en permanence, le tonus musculaire, l'orientation, la position des membres, les informations, il préside et exerce les rétrocontrôles nécessaires. Nous retrouvons une nouvelle fois notre complémentarité, mais pour les tensions des membres et l'équilibre de la stature globale.

Le cerveau a tellement conscience de ce circuit qu'il continue à ressentir des sensations et à vouloir traiter des ordres même quand un membre est sectionné.

Quand il voit une autre personne remuer certains muscles, il a tendance à crisper les mêmes : neurones et nerfs miroirs, il actionne ses muscles quand il rêve à des courses ou imagine d'autres personnes courir.

Aussi, des neurones arrivent à contrôler un membre artificiel. (Expériences modernes d'influence mentale et nerveuse sur des moteurs de membres artificiels branchés sur les nerfs.)

AUDREY

Les commandes et perceptions du corps dans sa globalité constituent une complémentarité ininterrompue d'informations et d'élaborations.

Il est surprenant de voir ces ensembles de cellules, protéines, gènes et chaînes fonctionnelles mis bout à bout.

Toute interruption entraîne des lésions, des handicaps graves.

Cette conduction des neurones, des protéines, des enzymes est extrêmement sensible à la température du corps. Les mammifères consomment une grande partie de leur nourriture et de leur énergie pour produire la chaleur essentielle à leur organisme. Le plus grand avantage est qu'ils transportent leur énergie avec eux, le désavantage est qu'ils doivent trouver de la nourriture et transformer leurs aliments.

Le métabolisme transforme la nourriture en énergie exprimée en calories. Au repos, le cerveau consomme plus d'un tiers de cette énergie, l'organisme la moitié, il en reste peu pour le confort de vie. Cette consommation est en rapport avec la surface de sa peau et son activité.

Il faut, pour un adulte de soixante kilos, 1 500 calories par jour.

Quand la vie était marine, il suffisait aux organismes de s'ouvrir pour réguler leur température, mais quand ceux-ci ont commencé à ramper sur terre puis à se lever, à courir et à se déplacer, il a fallu transformer l'organisme en usine chimique, éviter surtout la déshydratation.

Notons que la composition liquide de notre corps est très proche de celle de la mer.

Notre activité, la transpiration, la transformation de nos aliments, notre vie nous font perdre de l'eau et des sels.

En cas de perte massive d'eau, le cerveau et le cœur diminuent le rythme cardiaque et accroissent l'envie ou le besoin de boire et de récupérer les sels vitaux.

Comme toujours, il faut rechercher le bon équilibre.

Nous sommes dépendants de la recherche d'énergie et de nourriture, et donc de quelque chose que nous devons apprendre à réguler dans l'anticipation des besoins.

Cette recherche est toujours composée d'atomes et de quanta.

Ceux de notre nutrition sont-ils suffisants pour remplacer les associations d'atomes ou, comme le disent les scientifiques modernes, « les Lego qui nous composent » continuent-ils à faire appel aux échanges de l'Univers ?

La vie est action : rechercher sa nourriture, rechercher de quoi se chauffer, travailler, se reproduire, nécessite la régulation alimentaire de processus complexes.

Nous sommes dépendants de cette quête de l'énergie, des nutriments essentiels à la vie, à la conservation de nos vingt acides aminés. Pas un seul organisme vivant ne peut s'abstraire de ces composants, c'est pourquoi le système nerveux surveille, contrôle la digestion et cherche à anticiper les futurs besoins.

Par le nerf vague, le cerveau et l'estomac correspondent sans cesse.

MAURIAN

Notons quelques chiffres significatifs. Si notre cerveau utilise plus de 30 % des calories, la digestion en utilise plus de la moitié (55 %, 60 %) pour les fonctions de maintien des organes et de la vie. Il reste moins de 15 % pour notre comportement général.

4) Fonctionnement de l'organisme

MAURIAN

Le carburant essentiel du corps et du cerveau est le sucre : le glucose. Le corps l'extrait de ses absorptions. (Fondamentalement d'association d'atomes, d'énergie de base.) Sa polymérisation ou transformation est réalisée par le foie à l'aide de l'insuline. Notons une nouvelle fois qu'un processus inverse initié par le pancréas, le glucagon, est créé. L'organisme est basé sur la recherche de l'équilibre des processus opposés.

L'hypothalamus et certaines hormones tendent à limiter la nutrition.

Nos ancêtres, affairés à chasser, à se défendre, à trouver leur habitat, n'avaient pas de problème pour lutter contre l'obésité ou l'accumulation de graisse en se dépensant toute la journée. En revanche, les vies sédentaires des êtres d'aujourd'hui les orientent vers ces problématiques.

Un bon équilibre nutritif, des rythmes d'activité et de sommeil équilibrés maintiennent une régulation énergétique efficace.

De nombreuses études montrent les activités réparatrices du sommeil. Un sommeil sain permet d'équilibrer la consommation d'énergie. Le corps se repose et reconstitue ses équilibres fondamentaux, s'adapte au milieu et consolide sa mémoire. Les rythmes du sommeil sont vitaux, surtout le paradoxal (équivalant à des rythmes d'éveil).

Des chercheurs ont montré que des rythmes cérébraux observés au cours d'apprentissages éveillés sont à nouveau observés dans le sommeil paradoxal, comme si le sujet répétait durant son sommeil ses activités ou ses apprentissages. Il effectue un travail de tri, de synthèse, de mémorisation, une organisation et un stockage.

L'hypothalamus préside ces rythmes appelés circadiens.

Plusieurs protéines et des milliers de neurones s'activent et s'autocontrôlent pour créer une horloge d'environ vingt-quatre heures.

Les émotions, la peur, le stress influent sur ces comportements et sur les dépenses d'énergie. Il y a une communication entre les systèmes nerveux, immunitaire et endocrinien. Cette correspondance est primordiale. Le cerveau surveille les réactions immunitaires et contribue à libérer à l'aide du nerf vague des substances (les acétylcholines) qui vont venir en inhiber d'autres (les cytokines par les lymphocytes T. T comme tueurs, nécessaires pour lutter contre les virus et toute attaque contre le système immunitaire).

Les neurones hypothalamiques enregistrent ces variances tandis que le cerveau surveille le système immunitaire. Ce dernier n'a pas qu'un rôle conscient, son travail inconscient est énorme.

Il y a entre le système nerveux, endocrinien et immunitaire une double influence positive ou négative, une action proactive et d'autocontrôle. Par peur d'être mordu et de réagir à une morsure, un animal fuit, ou par peur d'être mordu, un animal hurle comme s'il avait été mordu.

Page 473 du livre *Psychobiologie* : une étude a montré la corrélation entre le stress des examens, la baisse d'anticorps et la lenteur des guérisons durant ces périodes.

L'agressivité, le stress influent sur la fonction cardiaque, le système nerveux et les ressentis des émotions.

Les manières de gérer les émotions, le stress, sont des moyens d'expression des systèmes du corps.

Le stress est une réponse d'alarme à une demande immédiate de réponse de l'organisme menacé ou s'imaginant menacé.

AUDREY

Comme nous le voyons, l'organisme est sensible à son environnement, conçoit minutieusement son fonctionnement, procède au renouvellement de ses protéines, de ses fibres, de chacun de ses composants, et surtout contrôle l'équilibre de chaque fonctionnement.

Il est entièrement influencé par ses ressentis.

Nous avons là l'influence du tout et de ses différents systèmes.

Il crée un équilibre global capable de s'adapter au plus grand nombre de situations en privilégiant sa survie. Il n'a aucun intérêt à se spécialiser dans un domaine, comme avoir une vue extrêmement perçante, courir le plus vite possible, chercher à privilégier un domaine. Il doit être bon dans tous les domaines, s'adapter le plus possible, et surtout utiliser ses neurones, sa réflexion.

MAURIAN

Tout synthétique, il doit être moyen presque en tout.

AUDREY

La question que je me pose, c'est comment peut-on dire « je » quand nous ne savons pas qui nous sommes à travers ces centaines de milliards d'atomes, de connexions, de polarisations et de réponses, quand on oublie le présent, son présent, quand nous voyons que le « je » est l'émergence d'un ensemble de systèmes ? Je vais même aller plus loin : quand mon être profond et donc mon ÂME surgit du tréfonds de l'histoire et des combinaisons fondamentales.

Les pathologies de la mémoire ouvrent sur une autre configuration et représentation. Les maladies sont là et derrière, l'être profond enregistre et ressent.

Que fait mon « je » quand un défaut vient d'un manque constitutif profond, d'un système défaillant ?

MAURIAN

Dans un système de systèmes, l'erreur peut être présente partout, rappelant l'élaboration de l'information, des agencements.

Page 513 : les spécialistes distinguent la mémoire déclarative qui concerne l'apprentissage et une autre dite procédurale qui enregistre les procédures motrices.

À l'intérieur, une mémoire courte et une mémoire à long terme.

Qui dit motrice dit aussi mémoire des stimuli.

Les dispositions et répartitions spatiales des sensations, les émotions conditionnent la conservation de la mémoire.

Le stockage de la mémoire sert à garder un ordre des souvenirs, un ordre des agencements des stimuli, des mises en tension. C'est placer l'un derrière l'autre les souvenirs, c'est constituer des représentations. Hiérarchiser, c'est organiser le passé comme référentiel, comme une suite de causalités, comme une suite de dépendances, c'est ordonner l'information.

C'est aussi l'information basale inconsciente des Lego, des atomes de l'organisme qui établissent les feed-back (les contrôles en retour effectués sur tous les potentiels d'action positifs ou négatifs.)

Consciemment ou inconsciemment, c'est être capable de restituer l'ordre des dispositions internes ou reçues.

Dans le fonctionnement d'intériorisation, nous voyons qu'il est intéressant pour la mémoire d'associer une explication scientifique suffisante dans une hiérarchisation complète et de lui trouver un sens.

La mémoire associe un sens pour le conscient, une fonction efficiente pour l'inconscient.

Ordres de stimulation, de traitements, d'enregistrements de restitutions d'idées et de représentations s'enchaînent.

Nombre d'espèces comme les pigeons voyageurs, les rats, des animaux qui cachent leur nourriture, dressent une carte spatio-temporelle des directions pour se repérer et se retrouver.

Certains animaux étant nocturnes, les connexions des lieux sont dynamiques et relationnelles dans toutes les dimensions, car ils reviennent sur leurs lieux et se réorientent.

Dans la mémoire, l'Humain crée l'ordre de présentation des souvenirs par ordonnancement des stimuli, par ordonnancement des récepteurs différents, et constitue l'objet de réflexion. Mon objet de réflexion est un puzzle d'actions neuroniques, protéiques, de pontages de zone à zone.

Le stockage de la mémoire serait dû à une augmentation de l'activité des neurones, de leurs synapses, des récepteurs et neurotransmetteurs.

L'objet dont on se souvient est construit par des variations des pics de potentiel qui créent l'information.

Des variations de différences positives et négatives, des pics d'intensité et de fréquence constituent l'information.

L'apprentissage, le raisonnement réorganisent les connexions des synapses, réagencent et enrichissent le cerveau. Le souvenir est connexion de neurones et de recompositions. L'hippocampe, dans son activité, structure le nombre, la plasticité et la richesse des connexions, et forme la base de la mémoire.

Encore une fois, de nombreuses protéines sont à l'ouvrage (glutamate, kinase, tyrosine kinase) stimulées ou inhibées par différents composés chimiques qui viennent créer ou diminuer les potentiels d'action, produire ou supprimer l'expression de molécules, de gènes et de neurones pour constituer la base de la mémoire... Cette activité importante crée de nouveaux neurones qui développent la mémoire. Ce genre d'activité alternative structure tout notre être.

L'activité électrique des rythmes psychophysiologiques est enregistrée. L'attention, la concentration accroissent l'activité des neurones.

Le balayage continu du regard, notre attention sur le monde, le film logique suivi que notre cerveau nous élabore montrent les enchaînements des phénomènes et des représentations, l'élaboration rendue du sens. Notre conscience élabore le sens lorsque le regard a suivi et le cerveau construit l'enchaînement des qualificatifs.

Les mécanismes de l'attention et des zones cérébrales se complètent. Ce travail de balayage et de structuration est issu de processus inconscients. C'est un éclairage sélectif, la vision est dirigée par une conscience qui capture, notre attention concentre notre cerveau sur des points particuliers.

Des sujets placés dans un scanner doivent appuyer sur des boutons placés à droite ou à gauche. En regardant les animations cérébrales, les chercheurs pouvaient savoir, dix secondes avant le geste du sujet, quelle direction il allait envisager. La zone frontale du cerveau est le siège de l'intelligence et de la pensée.

Des lésions de cette zone entraînent une absence de conscience du passé et du futur. Il faut bien noter ce fait, car nous reviendrons dans la théorie quantique sur la construction du passé et du futur. Il y a rupture de liens logiques, cognitifs, dans les raisonnements entre les notions, donc absence de causalité, une impossibilité de constituer un enchaînement, des liaisons. Ces sujets oublient une liste de courses ou de tâches simples. Ils ont tendance à reprendre sans cesse leur activité avec obstination. Ils ne peuvent planifier et prévoir une action à long terme.

J'ai voulu parcourir ces thèmes à grandes enjambées pour montrer les rouages des cellules, des protéines, la géographie des zones d'élaboration et leurs dépendances avec le cerveau, le circuit de l'énergie, l'élaboration de la pensée, de la mémoire, de l'information. J'ai voulu montrer aussi la construction des notions d'espace, de temps, de causalité et de la réalité, de la mémoire et des enchaînements de phénomènes sur lesquels nous nous interrogeons.

AUDREY

Je retiens de ce parcours des propriétés de constante adaptabilité, ramifications et fragilité, mais aussi une profonde interrogation sur ce que l'on conserve et devient quand nous nous transformons, évoluons. Je remarque aussi que la diversité et la complexité vont de pair avec la plasticité et l'organisation. Le temps, l'espace, les relations sont construits sur des échanges de substances ou des enchaînements de stimuli.

J'insiste sur la remarquable adaptabilité du cerveau, des neurones, des synapses. Les chercheurs arrivent à faire des cultures de neurones. Même à des âges avancés, des neurones repoussent. On observe la plasticité du système endocrinien et moteur. Tous les systèmes sont complémentaires et synchronisés.

Les variétés des stimulations des centres d'intérêt enrichissent, remodèlent les centres d'innervation, les connexions des neurones. L'humain n'est pas figé. À tous les âges, sa mémoire a besoin de travailler et de traiter de multiples données. Son problème est de conserver le souvenir des ordres de stimulation des zones, de création du souvenir.

MAURIAN

Si nous revenons au début, tout ce que nous venons de décrire provient d'un spermatozoïde et d'un ovule qui créent un œuf.

D'abord, nous pourrions nous interroger. Pourquoi la nature, le Vivant créent-ils des cellules émises de part et d'autre et destinées à se rencontrer ? Les émissions d'hormones et de phéromones les aident.

Nous assistons à une fécondation, une division et une multiplication.

Deux cellules en engendrent une autre, qui va devenir en trois jours une masse de 200 µm de diamètre (le µ représente un millième de millimètre, un millionième de mètre ou 10^{-6}, un spermatozoïde, une cellule humaine varie entre 5 et 50 µm) (page 179 du livre *Psychobiologie*).

Une union de 46 chromosomes, 23 de la femme, 23 de l'homme, constitue la carte d'identité du nouvel être.

À la huitième semaine, l'embryon révèle toutes les esquisses de sa constitution future.

Des atomes, des ions, des molécules s'associent et créent des chaînes qui en engendrent d'autres par affinités, tolérances et complémentarités.

AUDREY

Dans l'Univers, des multitudes de chaînes d'énergie s'engendrent et ramifient.

Nous rappelons que des atomes ne se créent pas.

MAURIAN

Mêmes schémas universels. Des neurones ramifient de proche en proche, forment des systèmes de systèmes, des amas, des réseaux qui fonctionnent bien ensemble. Il en va de même pour les synapses, les protéines, les molécules, qui créent leurs centres d'économie, de traitement, d'énergie, de défense, de reproduction et d'enregistrement.

Ce qui est complémentaire se développe, se ramifie.

La complémentarité est régie par les forces électromagnétiques et les forces nucléaires qui agissent sur quelques centimètres, excepté la force gravitationnelle qui se renforce avec l'éloignement.

Combien faut-il de cellules, de molécules, de systèmes et sous-systèmes d'atomes, d'ions pour former la peau, les vaisseaux sanguins, les os, des réseaux d'agencement les plus variés pour créer un corps humain ?

Combien de milliards d'informations dans une cellule et pour des milliards de cellules ?

En opposition, combien de signes pour un livre de trois cents pages ?

Il faut s'interroger sur la capacité de stockage des signes et de l'informatique du vivant.

AUDREY

Attends, je voudrais savoir : est-ce que la vie produit la vie ou est-ce que la vie prend naissance dans les atomes et les minéraux ?

MAURIAN

C'est une question importante, la vie prend et transforme son environnement, mais elle est née des conditions primaires de l'Univers. Le Vivant est un utilisateur, un transformateur.

AUDREY

Justement, que trouvons-nous comme éléments de base si ce n'est des réactions chimiques de l'espace ou des fonds marins ?

Nous trouvons tous les minéraux qui forment l'Univers autour de nous : potasse, fer, calcium, sodium, phosphore, manganèse, chlore, zinc, sélénium, soufre, chrome, même les métaux rares, les gaz comme le carbone, l'azote, l'oxygène, l'hydrogène...

Mais ce composé court, pense, écrit, construit...

Dis-moi, qu'y a-t-il pour transformer la poussière de pierre que je saisis entre mes doigts en la vie ?

MAURIAN

Peu et beaucoup de choses à la fois, comme l'avait saisi N. Bohr. Des forces électromagnétiques, des forces nucléaires faibles et fortes, c'est-à-dire les forces de complémentarité pour celles qui œuvrent ensemble. Sans elles, rien ne serait.

Des milliards de milliards d'atomes, de particules parcourent l'Univers, passent en nous, près de nous, jetés au hasard.

Comment le Vivant transforme-t-il cet aléatoire ?

Des milliards de molécules, de cellules, de bactéries, de micro-organismes de toutes sortes sont créés. Qu'est-ce qui fait qu'ils vont vivre ensemble, se regrouper, former des systèmes de plus en plus complexes ? Le Vivant, c'est d'abord la recherche de son autoconservation, donc reproduire et développer ce qu'il est comme usine de transformation et de conservation.

La création, c'est le cumul des complémentarités qui engendrent une assise de développement, la reproduction, la recherche de nourriture, de réparation, l'extension. Tout ceci fait naître des complexes importants, des ensembles de systèmes dirigés qui se forment et s'unissent en prenant un but commun.

Ensuite, nous trouvons des recherches de stratégies, des complexifications, des défenses, des solutions de regroupement, des moyens, la pyramide se construit.

De complémentarité en complexification, d'adaptabilité en évolution, de sélection en croissance, de polarisations en dépolarisations successives, de réseaux de systèmes en réseaux, les systèmes complexes se développent, s'appuient les uns sur les autres. Ils apprennent à vivre ensemble. Pour survivre, la complexité apprend à s'organiser.

S'il n'y avait pas eu en jeu nos forces de base évoluant en nous, les pyramides de réseaux ne se seraient pas construites. Les systèmes apprennent à s'organiser.

AUDREY

Une centaine d'éléments, trois forces, quarante-six chromosomes, quatre lettres et vingt à vingt-cinq mille gènes, c'est beaucoup et c'est peu pour écrire l'Univers et le Vivant.

MAURIAN

Combinaisons et jeux, puis jeux de jeux anti-aléatoires des combinaisons informatiques.

AUDREY

Comment de multiples relations peuvent-elles s'enchaîner ?

Nous sommes énergies, atomes, quanta. À quel niveau apparaissons-nous comme « je » ?

« Je » comme « jeu » de systèmes de base de dépendance, comme premières prises de conscience.

MAURIAN

Mon informatique assemble ma pyramide de Lego, de systèmes. Lorsque l'affirmation de Lavoisier a été reprise, « Rien ne se crée, rien ne se perd, tout se transforme », personne n'a cru bon de préciser : « Sauf pour le Vivant. »

AUDREY

Faut-il se souvenir aussi de ce que disait L. de Broglie, « Toute répartition repassera dans la distribution de ses conditions initiales » ?

MAURIAN

Nous disions précédemment que l'espace, le temps, l'énergie n'étaient d'abord que des concepts. Le

« je » est une prise de conscience du tout humain synthétique comme concept.

Que représentent ces derniers ? Ils renvoient à des stimuli. Prenons la définition de l'énergie et mesurons toute son ambiguïté. L'énergie, pour M. Planck, est ce qui ne se crée jamais, elle est de toute éternité.

Nous nous trouvons devant un paradoxe : nous sommes composés d'énergie et cependant nous sommes mortels.

Le système comme organe traitant mes énergies s'épuiserait-il ? Comment le corps qui structure et régule l'énergie finit-il par ne plus être capable de la métaboliser ?

L'Univers, dit-on, répare immédiatement ses déchirures spatiales. Si cela se passe pour le grand Univers, que se passe-t-il pour nous ?

Un atome est absorbé par un autre système comme apport d'énergie.

Une protéine, des bactéries en dévorent d'autres comme nutrition. Les systèmes se déconstruisent.

À quel niveau sommes-nous « je » ou perd-on ce « je » ?

Si la forme extérieure change, la nature profonde demeure-t-elle ?

Que devient ce qui a créé mon informatique ?

Qu'est-ce qu'une nature profonde ?

AUDREY

J'ai une informatique, une synthèse qui m'a faite moi et qui se renouvelle, bâtie sur et par des atomes, que devient-elle ?

Qu'est-ce qui, formellement, conduit mes énergies, d'énergie en énergie complémentaire, à créer cet ensemble ?

MAURIAN

Tu es énergie, tu redeviens énergie. Quoi qu'il en soit, nous sommes le jouet de notre nature lacunaire, à travers l'agitation de nos quanta d'énergie, des milliers d'autres passent. Ne sommes-nous qu'une association, des variations groupées, essayées par le jeu de l'Univers ?

5) Le Vivant et son informatique

MAURIAN

Le livre humain s'écrit avec quatre lettres et compte approximativement trois milliards de caractères. Un livre moyen de trois cents pages comporte environ 400 000 caractères espaces comprises. Une cellule de 2μ (2 millionièmes de millimètre) contient notre code génétique.

À partir de la fusion spermatozoïde-ovule, la division cellulaire va développer trois feuillets, qui vont construire l'ensemble humain à l'aide de briques d'énergie.

AUDREY

Nous n'insisterons pas sur les redondances.

MAURIAN

Non, mais sur l'information.

En général, celle-ci est définie par des systèmes de ramifications, de réseaux de compréhension et de transmission.

Ici, rien de plus facile, toutes les cellules et tous les moyens de correspondance sont issus de la même diffusion, division, du Vivant. Tu remarqueras que je ne dis pas « pour », pour ne pas instaurer une finalité qui serait inscrite depuis le début. Je préfère mentionner une finalité de conséquence, c'est-à-dire de construction de système en système.

Notons que le Vivant utilise les mêmes ingrédients que ceux qui composent l'Univers. Nous avons donc une communauté de moyens, de séquences.

Ce sur quoi je voudrais mettre l'accent, ce sont les milliards de pontages électromagnétiques qui parcourent ces différents points, fibres, à chaque milliseconde, pour former par exemple l'ordre de remplacement d'un groupe de cellules, pour former un mot, une pensée, une liaison dans notre cerveau, animer un neurone, ou lutter contre une maladie en informant sur le nombre de virus, sur la quantité à concentrer, à acheminer ou à localiser face à une contagion.

Ces milliards de milliards de relations se connectent selon leurs seuls impératifs chimiques, électriques, magnétiques et relationnels quantiques.

AUDREY

En général, l'émetteur et le récepteur parlent le même langage et s'entendent même pour correspondre par les mêmes codes.

Là, l'Univers et le Vivant utilisent les mêmes sources et langages en parlant minéraux, particules, quanta.

Nous ne surprenons pas une permanence, mais, dans notre organisme, nous surprenons l'usure, l'entropie, c'est ce qui nous crée, l'effet de la transformation donc du temps qui passe.

C'est curieux, d'un côté, on nous dit atomes d'énergie infinis, de l'autre, bien que nous en soyons faits, ensembles périssables qui s'usent.

Est-ce cette distance entre le niveau fondamental et notre ensemble qui produit ce changement colossal ?

MAURIAN

Il faut aussi voir les différents niveaux dirigés par l'informatique humaine.

Nous changeons à chaque seconde les cellules de notre bras, de notre estomac, intestin, de nos poumons, de notre système nerveux, de notre cerveau sur commande et par ordre.

Dans l'ensemble, il n'y a pas trop d'erreurs (ou peu), les ordres sont donnés, les composants prennent place.

Distinguons en gros les niveaux : sous le biologique et physiologique, les inductions chimiques et nerveuses, nous trouvons les causes électriques et magnétiques, puis les relations fondamentales. Comment prennent place les atomes, électrons, quarks ? Entre eux, il y a tout le travail du cône du devenir, du niveau de base quantique aux cellules de l'informatique inconsciente, jusqu'au « je ».

Combien de causes de différences et d'erreurs dans tous ces niveaux ?

Il y a le système Vivant humain, et ce que nous en faisons. Nous pouvons jouer de la musique, des pièces de théâtre, mais il y a en dessous le fonctionnement de ces réseaux que je nomme « humain inconscient ».

Dans celui-ci, je n'interviens pas dans le renouvellement des cellules de mon cœur, de mes poumons, de mes veines... ni dans la codification des enchaînements, réseaux et séquences « dispositionnelles » et fonctionnelles, dans la distribution des atomes et autres énergies.

Nous nous préoccupons beaucoup de notre moi conscient, de ce que les autres pensent de nous, comment ils nous perçoivent, de notre apparence en société, mais qu'en est-il de notre machinerie profonde ?

De ce niveau fondamental naissent certaines maladies graves. Malgré nous, c'est déjà une partie de nous qui meurt tous les jours et se renouvelle, et nous ne nous en préoccupons pas beaucoup. Connaissons-nous ce qu'il faut pour que ce niveau se révèle et s'épanouisse ou préférons-nous nos fanfaronnades orgueilleuses et notre vie superficielle ? Pourtant, ces cellules sont celles de notre cerveau, de nos veines, de notre cœur, de nos pensées.

Nous préférons l'apparence au fondamental profond.

AUDREY

Si je comprends bien tes dires, nous changeons de peau, de chair tous les jours, de constituants fondamentaux sans que cela ne nous préoccupe.

MAURIAN

Nous vivons consciemment inconsciemment. Il est surprenant de ne considérer que le moi comme synthèse momentanée et théorique émergente, alors qu'il se trame et se tisse sans cesse en nous au travers de fils profonds, de la naissance à la mort, dans des milliards de connexions, de redondances, d'adaptations et même au-delà de nous, entre l'Univers et nos énergies de base.

Allons un peu plus loin. Chaque jour, pour asseoir ses étapes, le logiciel humain conscient et inconscient agence ses mises à jour, ne serait-ce que pour franchir ses renouvellements, ses évolutions.

AUDREY

Que faisons-nous dans nos ordinateurs et qu'espérons-nous et redoutons-nous de cette fameuse intelligence artificielle ? Nous touchons enfin du doigt les combinaisons nombreuses et fantastiques de notre organisme comme morceau d'Univers et des remises à jour pour nous adapter. Les recherches modernes en neurologie montrent que la nuit, le cerveau remodèle ses mémorisations en fonction de ses derniers vécus.

Si nous prenons l'organisation inconsciente, ses réseaux s'accomplissent par la nécessité de faire jouer et accorder des fonctionnalités efficientes.

Considérons celles qui sont conscientes, nous associons des pensées, des directives qui, mises bout à bout, nous aident à construire notre vie, à nous rendre au travail, au sport, à prendre notre voiture...

Cependant, nous traitons tout à la fois.

MAURIAN

Te rends-tu compte, s'il y avait une disjonction dans notre fonctionnement, dans notre pensée ou dans nos processus de base alors que nous sommes inconscients des enchaînements ? Tiens, prends un match : si un joueur se mettait à ne plus pouvoir produire de salive ou que son foie ne fonctionnait plus, ou qu'il ne puisse plus mettre un pas devant l'autre ?

AUDREY

En gros, nous allons reposer la question : qu'est-ce que nous avons dans cette fameuse tête, dans ce kilo et demi de gélatine qu'on appelle cervelle ?

MAURIAN

Que veux-tu ? Nous pensons, dessinons, imaginons, chantons, courons... nous nous rapprochons d'un être cher, tout se produit sous le règne de ce que nous appelons cerveau.

Un plaisir, une douleur, une angoisse, une espérance, un ressenti, un parfum, un rêve, chaque chose est analysée par lui.

Le cortex, la matière grise, la zone du lobe frontal, les zones pariétales, occipitales, chaque zone possède une spécification, une synchronisation des mouvements et attitudes. Ces synchronisations sont essentielles.

Tout ce travail est encodé par le thalamus et l'hypothalamus.

D'autres zones comme le mésomphale ou le cervelet viennent compléter l'orchestration.

Tous ces traitements sont liés et fonctionnent par des transmissions chimiques, des polarisations et dépolarisations négatives et positives, dont les traductions finales sont les équilibres.

Chaque niveau accomplit sa tâche en fonction de l'ensemble en ignorant l'efficience du niveau supérieur, mais en fonction du niveau précédent.

La cellule, la bactérie, le gène ne savent pas ce que le cerveau pense.

Les informations comme messages sont agencées en concentrations, en composés chimiques ou électriques. Elles sont regroupées en quelques millionièmes de millimètre.

L'émission finale de tout ce travail d'ajustement, d'information, est l'élaboration d'une pensée, d'ordres, d'un traitement de mots et de phrases, d'un ensemble de signes signifiants pour un groupe de vivants : finalement, des comptes-rendus de plus en plus fins comme des équations.

Les nombreuses communications entre les réseaux électriques et chimiques entraînent l'élaboration motrice et cognitive.

Le cerveau est très tôt fournisseur de renseignements et de feed-back, de contrôles et d'animations en retour selon les strates antérieures. Nous sommes un centre d'élaboration complexe qui se reprend et enregistre sans cesse.

Très tôt, pour créer, remplacer, concevoir des stratégies de défense, le cerveau a besoin d'enregistrer ses équilibres, par économie et rapidité. Il a besoin de savoir ce qu'il a fait, réussi et manqué, d'où il vient et où il va, d'économiser son énergie et son temps.

La bactérie, les protéines apprennent ces comportements ancestraux : repérer, reconnaître leurs congénères ou adversaires et les enregistrer. La question fondamentale qui se pose est : où sont conservés ces informations et traitements, les associations, les aiguillages des combinaisons tant structurels que fonctionnels ?

Je rappelle que ce sont ces informations, ces feed-back, ces ancrages qui créent et font notre « je », le berceau de notre conscience.

Je suis un ensemble qui possède ce type d'informations-là.

Nos gènes dirigent nos évolutions et nos restructurations.

Nos combinaisons et informations prennent naissance dans les échanges d'énergie de base.

Il faut établir où se situe la rupture.

Nous savons que des habitudes, des alimentations, des gestes salvateurs, des associations inconscientes, des spécifications organiques sont conservés et transmis d'être en être.

Le Vivant, pour le demeurer, est constamment en train de reproduire ses cellules, de reprendre et de réadapter ses enregistrements. Dans tout ceci, il faut se demander ce qui se conserve et se transmet.

AUDREY

Conserver, transmettre l'information, voilà le sens du Vivant. Dans quel gène, protéine, atome, ou au cœur de quel électron se conservent tous nos accords, notre être-mémoire ?

Le Vivant transmet dans ses gènes les solutions qui le font vivre, mais doit-on penser qu'à sa mort, ils ne servent plus à rien, tout juste bons à être transformés ou jetés ?

Des gènes, des protéines meurent chaque seconde, mais le foisonnement remplace les déficits.

Cet organisme qui tue ou va sur la Lune porte en lui les enregistrements de son évolution de larve insignifiante, unicellulaire, à la dernière équation.

MAURIAN

Justement, à ce propos, je voudrais faire un parallèle entre un micro-processeur et un gène.

Le premier est un système qui possède une entrée d'enregistrement ouvrant sur un stockage de milliards de données informatiques dont nous pouvons avoir besoin et une sortie. Entre elles, se situe un serveur qui enregistre le stockage sous forme de zéros et de uns, d'écriture informatique, de symboles dirigeant les programmations. Aujourd'hui, la technique utilise des formes d'agencement de combinaisons quantiques. Ces combinaisons-là utilisent à la fois le vide, l'espace entre les particules et l'agitation aléatoire, le foisonnement, la connectique, les innombrables chocs et contre-chocs aléatoires pour combiner dans une direction donnée les quantités de produits inaccessibles à l'humain conscient.

Les emplacements de réserve ne sont pas dans un énorme entrepôt, mais dans le gène et le microprocesseur.

Il y a donc tout un classement logistique spécifique et hiérarchisé. Il combine des milliards de milliards de données qu'il va restituer dans l'ordre demandé en quelques millisecondes.

Tu vois bien qu'ils ont le même rôle.

AUDREY

Quand pourrons-nous interchanger les deux ?

Tout au début, nous avons les mouvements aléatoires du niveau quantique. Ces chocs et contre-chocs créent de l'énergie, mais quand sont-ils initiateurs d'informations ?

Quel rapport y a-t-il entre des chocs en tous sens et un langage ?

MAURIAN

J'ai envie ici d'imiter Einstein. Les données sont apparemment différentes, mais tout se passe « comme si » de ce tumulte aléatoire, de ces multiples fragmentations se construisait peu à peu l'information sous forme de combinaisons de quanta d'énergie. Faisons un raccourci : au début, il y a le niveau fondamental aléatoire et au bout de la construction, l'agencement des puzzles quantiques, biologiques et ceux de la pensée formant nos raisonnements.

À partir de quel moment deviennent-ils un codage informatique pour le futur système Vivant, puis un raisonnement logique ?

Toutes les combinaisons de base de la vie en sont issues.

Quand nous allons sur une autre planète, que cherchons-nous ? Une réaction d'énergie que nous appelons « traces de vie ».

Certaines combinaisons captent d'autres énergies nécessaires à la vie et rejettent des composants.

La vie est née il y a plus de quatre milliards d'années de combinaisons, de rythmes, de variations. Elle a formé des systèmes qui, petit à petit, ont commencé à chercher, à conserver leurs équilibres.

Les scientifiques nous disent que la première molécule qui est apparue il y a trois cent quatre-vingt mille ans est une particule ionisée à partir de l'hélium, l'hydrure d'hélium HeH^+, après le début consensuel.

Qu'y avait-il au début, si ce n'est des combinaisons d'hydrogène, d'oxygène, de phosphate, de phosphore, d'azote... ?

Dans des conditions de mélange (l'eau des océans), de pression et de chaleur (les émissions chaudes des fumerolles de la croûte terrestre au fond des océans ou des conditions de l'espace (compressions et radioactivités)), certaines combinaisons typiques se sont produites.

Dans l'Univers et la Vie, tous les phénomènes débutent par une division ou une multiplication, c'est-à-dire une complexification.

La vie trouve son développement dans des notions de systématicité, de complémentarité.

Ici, je repense à N. Bohr quand il pensait à une nouvelle philosophie à partir de la complémentarité. Toutes les combinaisons possibles et imaginables recherchent une expansion, une complexification et combinent des rencontres d'énergies primordiales.

Mais y a-t-il des produits associables et d'autres impossibles ? L'Univers et la vie sont nés de fragmentations et de combinaisons.

AUDREY

Les fusions dues à la densité, puis les complémentarités issues des fragmentations, et la systématicité des complémentarités produisent les opportunités de combinaisons.

Celles de l'univers se reproduisent aveuglément, les combinaisons vitales s'associent quand les conditions sont favorables ou produisent des évolutions. Qu'est-ce que la complémentarité ? Des substances s'associent parce qu'elles se complètent par leurs formes, par leur composition chimique ou électrique, leur fonctionnalité.

Cette nature ne tient pas du miracle. Soit les fragments sont associables, neutres ou opposés, et, dans ce cas, se repoussent ou se détruisent. La complémentarité est un moteur puissant et l'efficience, son ciment. Nous avons un chaos de combinaisons d'un côté et la multiplication des premiers ancrages de l'autre. La complémentarité effectue un tri.

Étape par étape, conséquence par conséquent, la sélection des systèmes a produit les bons enregistrements et le temps, par l'efficience, la fonctionnalité et la constitution de la bonne information. Sans complémentarité, il n'y aurait pas eu de temps, car l'opposé se rejette ou se détruit, se convertit.

MAURIAN

L'enfant naît d'une symbiose et d'une multiplication produite par le spermatozoïde et l'ovule, et cette synthèse écrit et programme le développement humain, mais elle est en fait tributaire d'une longue histoire des organismes unicellulaires puis pluricellulaires, de l'évolution des bactéries et protéines, de milliards de relations.

Le fœtus porte en lui toutes les mutations cellulaires génétiques, depuis quatre milliards d'années. Par sa multiplication, la vie s'est centrée peu à peu sur son auto-organisation, sa conservation, son adaptation aux différents milieux de notre histoire. Dans sa résistance et son adaptation, elle inclut deux notions : le temps (comme évolution) et le devenir (comme adaptation).

Ceci s'est produit par petits ajustements, point par point.

Nous sommes tous un mélange de combinaisons précises et d'une histoire informatique conçues à partir d'expériences et de moments alignés bout à bout, dérivant les uns des autres, pour former le film de notre vie.

Aujourd'hui, les gènes, enregistreurs chimiques, sont portés par les chromosomes.

AUDREY

Toute cette diversité se résume en quatre lettres, plus un sucre.

Comment une molécule composée de si peu d'éléments peut-elle regrouper l'informatique humaine ?

MAURIAN

Quel rapport y a-t-il entre la complexité atteinte du vivant qui nous démontre son existence et sa fonctionnalité, et la distance qui sépare le vivant dans la recherche avec la réalité extérieure ou de sa réalité profonde (les quanta) ?

Quand sommes-nous sûrs de la réalité ? Il faut penser cette différence.

Cité par Éric Karsenti, Erwin Schrödinger (prix Nobel), dans les livres *Qu'est-ce que la vie ?* et *L'esprit et la matière,* pensait que « l'information des êtres vivants est contenue dans un cristal apériodique au sein des cellules ».

Quelques années plus tard, A. Hershey et M. Chase démontrèrent que l'ADN est le lieu où réside l'hérédité dans le noyau.

Plusieurs chercheurs, dont J. Watson, F. Crick, J. Monod et F. Jacob, mirent en évidence la double hélice sucre désoxyribose et phosphate ADN, puis ARN (R. Ribose), chacune composée de quatre bases. Elles se correspondent deux à deux (A se lie à T et G à C), dans l'ARN, T la thymine est remplacée par l'uracile.

Quatre lettres expriment l'informatique de la vie avec une double hélice. Cette vie est un enchaînement d'atomes d'azote, d'hydrogène, de soufre, de carbone, de phosphore, d'oxygène qui créent des protéines.

Les atomes sont faits de quanta. Traduisons donc : cette vie est un enchaînement de quanta ou de vibrations correspondant à l'azote, l'hydrogène, le soufre, le carbone, le phosphore, l'oxygène...

Ces dernières se lient en chaînes par des liaisons d'atomes azote-carbone, ou par les vibrations associées des deux.

Ce couple d'atomes crée des nucléotides, liaisons entre bases.

La duplication de l'ADN se fait par copie et division avec l'ARN dit messager (travail et prix Nobel pour J. Monod, F. Jacob, A. Lwoff).

La duplication de l'ADN se fait par addition, coupure, séquençage des vibrations sous-jacentes. À ce niveau du devenir des états, ce ne sont plus des vibrations, mais des atomes.

Multiplication, mais selon un code (tableau à double entrée et distribution interne des bases), un ordre pour déterminer et assembler un édifice. Ce « pour » va poser question.

L'humain renouvelle l'humain dès les premiers stades de feed-back (enregistrements efficients précédents pour progresser dans le sens des adaptations phase par phase, information par information. Tous les choix sont enregistrés par le vivant s'ils s'avèrent positifs pour sa progression.)

Il est devenu une puissance productive sur la base de données, à travers l'évolution, du stade bactérien à l'homme, tous faits de quanta, d'atomes.

Aujourd'hui, ces travaux ont été complétés en 2020 par ceux des deux chercheuses prix Nobel Emmanuelle Charpentier et Jennifer Doudna sur la technique dite des « ciseaux biologiques » ou CRISPR CAS 9, sur le développement des manipulations génétiques fragiles et précises, sur la recherche de nombreuses maladies invalidantes.

Une bactérie est dite vivante, comme une cellule, une protéine.

Quand une bactérie s'approche pour en identifier une autre, reconnaître un code ami ou ennemi, elle s'allonge pour l'enkyster si elle est nuisible et chercher à la tuer ; elle déploie une stratégie.

Son action est celle de la vie, de l'action et de la réaction.

Nous pouvons retourner la question dans un autre sens. Lorsqu'un chirurgien opère un pied, une main, une valve cardiaque, il enlève des morceaux de chair et donc des atomes, des quanta. Ainsi, nous pouvons coller ou enlever des systèmes d'atomes. Comment justifier cet acte ?

Nous retrouvons un principe éminemment kantien, celui du tout et des parties. Quand un tout vivant se constitue, il a tendance à se reproduire. Le tout reflète les parties et celles-ci le tout.

AUDREY

Nous voyons qu'il y a, au niveau ADN, ARN, une traduction et une multiplication des chaînages. Des milliers de gènes, des milliers de protéines conditionnent la diversité des formes et des fonctions humaines dans une double adaptation interne-externe. Les échanges sont informations.

MAURIAN

Ça va plus loin, toutes les cellules au début sont des copies d'une seule synthèse, puis il y a différenciation en cellules du cœur, du foie, de l'intestin, des mains, des pieds.

Le développement doit satisfaire à des contraintes physiques, chimiques, électromagnétiques, intérieures et extérieures au système de base, de niveau en niveau.

Nous avons donc une informatique qui se développe en cascade. Peut-elle être le résultat d'UN gène dans lequel serait écrit et déterminé LE projet humain ? Ou plutôt celui-ci est-il le RÉSULTAT d'interactions internes et externes, positives et négatives, assemblées étape par étape ? C'est donc un réseau de gènes qui est à l'œuvre dans chaque molécule et qui dicte les regroupements d'atomes dont l'ensemble est agencé, désassocié puis combiné pour qu'une informatique locale (le foie, le cœur, la main, le pied) se développe et s'adapte à son milieu et à sa fonction.

6) Ajustement des systèmes

MAURIAN

Prenons un exemple. Si nous réglons le bouton du chauffage à 19°, lorsque la température descend en dessous, une cellule opératrice donne l'ordre de rallumer. Il en va de même dans notre organisme pour tous les processus. En l'absence de lactose, une protéine dite répressive empêche la copie de l'ADN en ARNm. En sa présence, cette dernière se lie au répresseur, décroche de l'ADN et permet la copie des gènes nécessaires à la transcription (page 75 du livre *Aux sources de la vie* de É. Karsenti).

Au seuil, le processus s'inverse. L'absence de ce lactose et la non-copie de l'ADN ne sont pas permanentes. L'alternance s'établit. Ce mécanisme est appelé boucle rétroactive positive ou négative, ou feed-back et double feed-back (mécanismes expliqués par J. Monod, F. Jacob, A. Lwoff : *Le hasard et la nécessité* de J. Monod)

AUDREY

Si je reprends ton exemple du radiateur, tu règles un minimum à 18° et un maximum à 20°, et en permanence, tant que tu laisses la commande électrique allumée, tu obtiendras la chaleur demandée. Tu obtiendras une alternance de déclenchements. C'est exactement de cette manière que procède notre organisme.

Peut-on copier la nature ? Nous retrouvons les travaux de deux prix Nobel, John Gurdon et Shinya Yamanaka, pour leurs travaux sur les cellules souches pluripotentes. Ces dernières sont capables de former n'importe quelle autre cellule. Elles sont obtenues à partir de la déprogrammation de leurs gènes.

Ces expériences prometteuses ont mal tourné, parce que, entre autres, leurs multiplications anarchiques engendraient des cancers. Il fallut apprendre à aiguiller leurs multiplications vers différentes productions spécifiques. La duplication du Vivant a besoin d'être cadrée.

La logique du vivant s'instaure.

C'est le lieu de ce cadrage que nous recherchons.

MAURIAN

Les cellules souches de l'embryon proviennent de systèmes humains déjà initiés et programmés.

AUDREY

Nous avions dit précédemment qu'il n'y a rien ou pas grand-chose d'écrit.

MAURIAN

Souches, c'est-à-dire non différenciées et qui peuvent donner indifféremment toutes les autres cellules. Elles se trouvent dans le cerveau, le sang, les intestins, les muscles, la peau... Qu'est-ce qui est transmis par la mère ? Une suite de réactions aux acides, aux bases, aux stimulations externes et internes, des regroupements de cellules, un cumul de modulations séquentielles et différentielles créant une informatique spécifique complexe.

Ainsi, il n'est pas dit que notre Vivant se développerait de la même façon aujourd'hui qu'il y a des millénaires. Il n'est même pas dit que si nous continuons à modifier les températures des océans et les grands équilibres terrestres, les colonies de bactéries et de protéines qui nous forment continuent à se développer de la sorte.

Une cellule, en présence de facteurs spécifiques, modifie son métabolisme pour diriger, adapter et user de ce dernier, si celui-ci lui permet un axe de développement, une orientation de combinaisons. Dans le cas contraire, elle produira un mécanisme de réaction, de protection ou de destruction.

Dans les deux cas, elle enregistrera ses réactions positives ou négatives qui constitueront sa mémoire, mais transmise à l'ensemble.

Comme pour le radiateur, il y a des récepteurs qui captent les conditions du milieu extérieur, les ordres requis, les messages des autres cellules, les protéines, les bactéries, et modulent les processus.

Il y a un double système de dépendance entre le tout et les parties.

AUDREY

Face à ces complexités chimiques, physiques, électromagnétiques et cellulaires, J. Monod en appelait au hasard et à la nécessité.

Mélange perpétuel issu des océans ou quantique aléatoire représentée par le mouvement brownien. Ce projet Vivant use de particules et s'y alimente pour vivre.

Au lieu de considérer ce qui est fixe comme vérité, considérons ce qui se transforme, dans le sens des écrits d'Héraclite, Bohr, Schrödinger, Einstein.

Nous voyons une autre conséquence se présenter. Il n'y a de temps que le temps d'un chaînage, d'une alternance, d'une double boucle de feed-back, de rétroactivité positive et négative. Le temps n'existe que le temps d'un ancrage, d'une réaction. Ce sont la polarisation et la dépolarisation qui créent le temps.

Dynamisme de base, ce que nous appelons vérité tangible et même vie n'est que système d'interactions, d'échanges à l'origine d'apports des minéraux, atomes, molécules, phosphate...

Les systèmes ne sont pas restés isolés, les associations au début disparates ont recherché leurs compléments et se sont reproduites.

Ils ne sont pas nés d'un choix téléguidé, mais se sont organisés par exclusion ou complémentarité à partir des combinaisons multiples enregistrées.

Qu'est-ce qui fait que deux particules, substances, se rejettent ou s'attirent ? Les charges positives ou négatives dans la variété des strates et des quanta du refroidissement de l'énergie.

Les enregistrements ont créé l'histoire du métabolisme.

Est-ce que la vie aurait pu ne pas apparaître ?

Maurian

Non, il me semble qu'elle est issue de conditions quantiques, électroniques, chimiques, nucléaires de la soupe primaire.

L'Univers et le Vivant n'ont pas besoin d'un vieux Monsieur, d'un grand architecte ; du reste, s'il n'y avait rien, comment a-t-il fait pour créer ?

Comment, par quoi, à partir de quoi et sans esquisses, du premier coup ?

Personne, même pas l'Univers, ne peut créer à partir de rien. Ce que nous appelons « rien » est complexe, mais ne ressemble en rien à ce que nous connaissons.

Alors, certains nous inventent un Dieu. Il faudrait nous dire comment créer un Univers, des atomes, une énergie à partir de rien. Que représente-t-il, lui, comme énergie ?

AUDREY

Il avait déjà la toute-puissance.

MAURIAN

Qui la lui a fournie ? Lui-même, il a donc commencé par lui-même ? Qu'appelle-t-on autocréation ?

Si nous nous en référons au tableau peint au plafond de la chapelle Sixtine par Michel-Ange, Dieu créa Adam en pointant le doigt par une énergie semblable à la foudre. C'est donc un personnage, une puissance... Où est-elle au moment de la création, et antérieurement, où était-elle ?

Comment la canalise-t-il ?

Comment peut-il concevoir, penser et produire en même temps ?

7) Dynamisme et lois des systèmes

AUDREY

Depuis des milliers d'années, des pouvoirs voulant contraindre les âmes nous ont répété : « Ceci est bien trop haut pour vous, ça vous dépasse, priez Dieu, remettez-vous-en à lui, d'autres se chargeront de traiter les problèmes. » Pourquoi serions-nous continûment ignorants pour ne pas savoir réellement mettre en question la construction du Vivant et de l'Univers ?

Il en va de notre déterminisme ; il est inutile de courber l'échine et de laisser des pouvoirs nous garder dans la caverne.

Ce que je dis ne veut pas dire anarchie, mais penser et choisir pour le bien commun selon les règles de fonctionnement du tout et de la partie, avec entre eux la liberté en fonction des éléments.

Commençons par la vie.

Elle provient de la genèse des cellules simples puis d'associations complexes.

Les protéines, les cellules, les bactéries, les systèmes sont essentiellement composés de chimie et de minéraux sujets aux conditions environnementales.

Toute vie est régie par les forces nucléaires, électriques, magnétiques dans les températures compatibles.

Les protéines bâtissent les gènes, les cellules, les nucléotides en fonction de ces critères. Elles expriment dans leur genèse les différentes expressions et réactions au milieu, à tel point que l'on retrouve en elles les traces de différentes épidémies comme la peste ou les différents modes alimentaires au travers des migrations des humains.

Les scientifiques pensent que la vie est apparue près des fumerolles noires et chaudes au fond des océans.

L'eau, les courants marins favorisent le malaxage des différentes associations générées par le phosphore et les émissions produites par le magma terrestre.

Le méthane, l'ammoniaque, l'hydrogène, le sulfure d'hydrogène, l'oxygène, l'azote, l'eau, la vapeur d'eau, le gaz carbonique, les premiers nuages, les pluies, les décharges électriques vont créer dans l'atmosphère ou dans les océans les premiers acides aminés.

Certains endroits comme les fonds marins près des fumerolles noires (sources hydrothermales) et l'atmosphère selon les expériences de Miller et d'Urey (atmosphère composée d'azote, de gaz carbonique, de méthane, d'hydrogène, de sulfure d'hydrogène, de vapeurs d'eau parcourues de décharges électriques) créent un métabolisme et un nombre important d'acides aminés, composants essentiels à la vie.

Les zones chaudes sont des sources de prolifération, de genèse. Les zones froides des lieux de stabilisation, de solidification des chaînages chimiques.

Les scientifiques nomment ces lieux des lieux de soupe primordiale, pour l'Univers et pour la vie.

Maurian

Il a fallu des facteurs convergents, ce sont, pour les profondeurs des océans, la pression, et pour l'atmosphère, la densité, la gravité terrestre et les décharges électriques.

Les deux ont créé de fortes interactions.

Nous pensons que la vie a pu apparaître à plusieurs endroits dans l'Univers et sur Terre.

Ainsi, les premières créations vivantes furent les formes unicellulaires et les bactéries que nous retrouvons dans les glaces ou leurs fontes aux différents pôles.

La chimie primaire, à partir de l'eau et des différents mélanges de molécules, a produit un sucre essentiel à la vie et, par transformation, l'adénosine ou ATP (adénosine triphosphate).

Comme le dit Éric Karsenti : « Tout a commencé par la mise en place d'une machine à hydrogène pour fabriquer le "pétrole" de la cellule d'ATP. Une des bases de l'ADN, l'adénine, est directement issue de l'ATP. »

La prolifération des connexions entraîne une loi primordiale des systèmes.

Si un système augmente le nombre de ses points et ses relations internes, ce qui le compose et connecte en lui, au-dessous d'un certain nombre, le désordre reste institué, au-delà, le système se stabilise et s'organise.

Le nombre de relations établies est primordial et le système se transforme en hiérarchisation de fonctionnement.

En prenant un raccourci, nous dirons que la complexité ne s'apparente pas au désordre.

C'est Stuart Kauffman qui a découvert cette loi de l'organisation des systèmes complexes s'organisant par les boucles de rétroactions.

Tous les systèmes chimiques, les protéines, tous les systèmes moléculaires puis cellulaires, et encore plus les systèmes postérieurs, subissent cette évolution, du hasard, de l'environnement à l'organisation, pour se reproduire, perdurer.

Il en va de même pour les systèmes arithmétiques, mathématiques et quantiques.

Quels que soient les systèmes, tous se consolident, s'interpénètrent et se renforcent par ces boucles de rétroactions et de fonctions internes.

AUDREY

Nous avons deux lois qui expliquent le développement : l'alternance et l'organisation.

Deux interrogations me viennent : ne devrait-on pas s'interroger sur l'amalgame de molécules premières, car je saisis de moins en moins la différence entre le Vivant et le minéral, si ce n'est qu'une question d'animation, de cumul des agencements ?

D'autre part, tu dis que les systèmes s'organisent pour perdurer ; quel sens donner à ce terme ?

La vie naît de la recherche de sauvegarde.

Les définitions que nous allons en tirer sont d'une importance capitale.

Si je comprends bien, un système mort, mais logique comme un raisonnement mathématique ou poétique, pour avoir un sens, soutenir sa création, sa portée représentative, imaginaire, sa démonstration, a besoin de renforts, de supports internes qui reprennent son sens et dirigent son efficience. Son sens interne profond l'organise. Existe-t-il des relations, un formalisme interne qui nous dirigent et conduisent notre façon de penser ?

Tout système induit des formalismes et des sens qui conditionnent ses expressions et causalités futures.

Que serait un énoncé mathématique qui ne s'étayerait pas d'égalités et de principes, d'axiomes et de démonstrations, de relations sûres ?

Quant à la vie, nous la voyons dans toutes les élaborations, expositions des processus, relevées par le livre de Karsenti ou celui de psychophysiologie.

Les systèmes vitaux cherchent à se conserver au travers de leurs progénitures.

Auparavant, ils constituent leur intelligence en changeant d'associations, de directions, d'organisations.

MAURIAN

Tu reposes la question du sens profond de la vie. Mais si nous observons la nature, elle se moque pas mal de l'individu. Qu'importe l'élan, la complémentarité ; les connexions doivent se joindre impérativement et continuer le tissage de l'énergie, donc de l'information.

AUDREY

La plasticité et la résistance ne sont pas toujours opposables.

Pour les gènes et les bactéries, les conditions qu'ils supportent sont extrémales dans le vide et le froid spatial.

Dans ce foisonnement, cette multiplication à tout-va, certaines étapes sont primordiales. Je pense aux enregistrements des complémentarités quand elles sont efficaces, aux aiguillages nombreux dans l'élaboration des systèmes, à l'apparition de la photosynthèse, à l'émission d'oxygène, aux métabolismes qui pratiquent la dégradation du sucre, de l'ATP, du phosphore, du soufre, de l'hydrogène, du gaz carbonique, à la création des ions sous l'action du soleil. C'est une remarquable adaptation aux rayons du soleil et à l'eau...

La diversité des milieux ambiants multiplie les adaptations et les proliférations des sources de vie.

Ce ne sont que des réactions chimiques, actions-réactions, polarisations-dépolarisations.

MAURIAN

Mais qui est en définitive à l'origine de toutes ces évolutions et branches de vie que sont les poissons, batraciens, mammifères, rongeurs, reptiles, oiseaux ? C'est l'évolution génétique. Je ne parle pas uniquement de nos gènes, mais de tous les gènes de notre planète, de toutes les bactéries et protéines.

Tu te posais deux questions tout à l'heure, deux autres surgissent également dans mon esprit. Pense-t-on à ce que l'on désigne par dégradation, assimilation ?

Un élément chimique se mélange avec un autre et en crée un troisième. Des molécules se lient entre elles pour en former d'autres en multipliant leur nombre.

Une protéine, une bactérie, une cellule se rapproche d'une autre pour la détruire, s'enrichir de sa substance.

Il y a proximité de l'addition à la prédation.

Prédation, conservation, prolongement de la vie pour celui qui absorbe, mort, transformation en énergie pour celui qui meurt.

Mort, entropie, mais restructuration en énergie de base.

AUDREY

Toutes les énergies constituées à tous les niveaux (pierre, morceaux de chair, arbres...) redeviennent atomes de base, quanta, ou informations.

Énergie que d'autres ont et vont absorber pour se créer et à l'intérieur de laquelle figure mon information. Que penser de ce recyclage de l'information ?

Si c'est pour refaire un moustique ou une pierre, un arbre ou un oiseau, ils n'ont pas besoin de toute la production de mes neurones et protéines, à moins qu'ils prennent dans leur projet ce qui en moi leur suffit et jettent le reste. Ça laisse rêveur !

Les scientifiques modernes, et plus particulièrement les prix Nobel de chimie et de physiologie, ont tendance à prendre l'image des Lego pour expliquer leurs conceptions.

Il y a agencements de Lego d'énergie, de briques quantiques, d'atomes pour créer toutes formes de systèmes.

MAURIAN

Tout cela n'est que la traduction de la recherche d'énergie sous toutes ses formes. Pour telle variance, c'est la recherche de phosphate, de soufre, d'oxygène, d'hydrogène, de sucre, de composés plus ou moins riches.

AUDREY

Brutalement, je te poserais la question : quand nous mourons, dans quelle catégorie sommes-nous ?

Toutes les combinaisons ont besoin d'énergie. Au niveau basal, elle était fournie par les chocs aléatoires, pour le Vivant, elle est fournie dans la nature par la recherche de nourriture, sous forme de réactions chimiques de base puis en montant dans l'échelle des dégradations.

De nombreuses conséquences sont nées de cette activité chimique et électrique gigantesque.

Certaines bactéries, cellules, à la longue, n'ont pas digéré et détruit leurs injections, mais les ont conservées, apprivoisées et ont créé par conséquent des systèmes de digestion, d'assistance, évolués. Nous voyons que les éléments les plus fondamentaux de la vie, tels que les gènes, ADN, protéines ou leurs éléments constitutifs, sont issus des dégradations, transformations, interactions les plus diverses de formes d'énergie. Pensons à la digestion et au cadrage des bactéries.

MAURIAN

Comme le dit Karsenti : « Il a fallu la rencontre d'un génome ayant acquis par hasard une combinaison de gènes adéquate avec une bactérie produisant le bon lipide pour que notre ancêtre multicellulaire apparaisse. »

Les atomes se combinent, les associations se trament, s'enrichissent, passant du minéral au Vivant. Nous retrouvons des séquences de gènes, des traces de virus ou des éléments chimiques dans diverses séquences et adaptations sur Terre.

Pourrons-nous demain détecter des chaînes biologiques, des atomes provenant d'autres composés humains, dégradés et réemployés en nous ? Sera-t-il possible de déceler le réemploi d'éléments diffus d'atomes provenant de vivants redistribués dans l'espace après la mort ?

C'est bien d'aller explorer les planètes à la recherche des composés de la vie, mais, puisque tout est fait d'atomes, et si ceux-ci voyagent dans l'Univers, pourrait-on enregistrer un jour la trace en nous d'atomes de Pline l'Ancien, d'Héraclite, de Clovis, et d'autres galaxies ou ordres de vie ?

Ces voyageurs de l'Univers sont des vecteurs d'informations, de combinaisons et de disjonction de multiples périples comme pour l'étude des minéraux.

Quel solde informatique avons-nous à chaque désunion ou union vitale ?

Comme systèmes humains, nous nous désagrégeons. Que deviennent dans l'Univers nos quanta ?

Nous nous extasions sur la perfection de la complexité en bout de réalisation, elle est le fruit d'une évolution lente, des bactéries aux insectes puis aux mammifères, enfin à l'être humain, une spécialisation des fonctions aux besoins, mais n'est-elle que cela et poursuit-elle son évolution indépendante au-delà de nous ?

Notre orgueil ferait-il de nous le but de l'évolution ?

AUDREY

Nous sommes le fruit d'une très lente évolution qui se poursuit nettement par-delà notre petite personne. Les bactéries, les virus avec lesquels nous vivons arrêtent-ils leur évolution propre quand ils entrent dans de multiples phases de participation ?

Chaque strate exprime ses conditions dans l'ensemble.

Dans un équilibre d'énergie, d'efficacité de remplacement, d'adaptabilité, notre système biologique, physiologique inconscient a atteint un certain équilibre.

MAURIAN

Tu vois cependant que chaque étape se déroule dans un ordre, selon une loi du temps.

À un élément un autre répond, un amalgame se crée, un autre se produit, une membrane ramifie, un cumul se produit d'un côté, un vide y répond, à partir d'une certaine quantité de réaction, de résistance, de densité, d'acidité, de température, l'effet va s'inverser, ce résultat codifie une réalisation, un ordre.

La succession crée le temps, la procession des effets. La série sera enregistrée par la succession antérieure et créera le départ d'un futur. Toute l'élaboration du système comme être est une suite temporelle qui se limite et se gère. Elle est connexion de temps et d'espace. Le complexe trame, la quantification et la qualification, les combinaisons précisent le travail énorme inconscient au profit du conscient.

AUDREY

Dans cette hiérarchisation, les mises en puzzle, la temporalité sont à l'origine de l'être humain.

Quand le système atteint ce stade de complétude extrême, est-ce qu'il se peut que ces derniers développements soient du domaine intellectuel dans un stade de perfection approximative ?

Je tenais absolument à te poser cette question compte tenu des éléments nombreux et variés de notre époque.

MAURIAN

C'est une belle question, bien plus fondamentale qu'on le croit. Voilà pourquoi Platon, Kant, Leibniz, et bien d'autres grands auteurs liaient la recherche de la vérité, le savoir fondamental avec la beauté, la morale et la perfection. Pour eux, le Vrai doit être beau, harmonieux, équilibré mais avec le plus de connexions possible, le nombre tangente la perfection divine.

Trouves-tu que notre époque est belle, équilibrée, harmonieuse, que nous allons vers de brillantes réussites ou doit-on les associer à de non moins brillantes catastrophes ?

Plus l'esprit humain progresse dans ses capacités et ses comparaisons, plus il progresse dans son inventivité et son imagination dans ses découvertes, tant en bien qu'en mal. Comme d'habitude et dans maints sujets, les actions, la réalisation de soi-même, son développement, sa liberté, sa sexualité... il en ira toujours de la considération et de l'apprentissage des limites de chacun et de son autorégulation, exactement comme la nature. C'est l'équilibre ou la disparition. La méchanceté, la cruauté, l'esprit de domination sont compris dans la nature humaine. Est-ce pour cela que l'esprit humain a toujours dérivé vers des pérégrinations théologiques, quand dans toutes ses méditations, il se rendait compte qu'en dernier recours, il était seul dans l'Univers et qu'il devrait apprendre à régler seul ses problèmes ? T'ai-je bien répondu ?

AUDREY

La complexité n'est plus obscure dans le sens de chaos, elle peut prendre le sens de précision, d'enrichissement des performances. C'est ce qui constitue la logique des systèmes complexes.

MAURIAN

De tous les systèmes, du Bien, du Mal, du Beau, du Savoir, de la relation, le vivre en Harmonie, devraient être initiés par la Politique au sens ancien et noble du terme, l'entente vers la survie, le complément. Nous allons essayer de poursuivre le même but avec la théorie quantique.

AUDREY

Ah, la théorie quantique et ses bizarreries, des éléments qui se superposent, qui existent et n'existent pas. Affirmer qu'un chat existe ou n'existe pas à la fois, tu comprends, ça ne fait pas sérieux pour une science qui se prétend explicative et générale.

MAURIAN

Il fallait que tu commences par ce que je redoutais. La théorie quantique a été initiée par M. Planck, théorisée par Einstein pour présenter une explication de la lumière par des quanta, les photons.

Dans les expériences des fentes de Young, selon qu'elles soient une ou deux, la lumière changeait de comportement, entraînant la moquerie d'A. Wheeler selon laquelle le photon attendait que l'expérience soit arrêtée pour choisir sa trajectoire et ne pas se livrer aux observateurs. Plus tard, on se rendit compte que lorsqu'on bombardait une plaque de métal avec un rayon de lumière, celle-ci émettait des quanta. Pour Einstein, la lumière est chargée de quanta d'énergie.

Avec la théorie quantique, nous nous trouvons avant la définition du réel, à la limite du classement périodique des éléments. En effet, ceux-ci sont classés en fonction du nombre d'atomes lourds et super lourds et de leur périodicité atomique. Nul ne peut dire combien un atome peut contenir d'électrons. Les scientifiques s'accordent actuellement sur 137, mais d'autres conjecturent des nombres et des colonnes de classements supérieurs. (Au-delà de 7 colonnes actuelles, selon la masse, la périodicité, le temps d'existence.) Après huit et plus, nous arriverions au niveau fondamental. À ce niveau, tout le travail des théoriciens quantiques et de Lee Smolin est précisément d'en déterminer les règles, en fonction d'un temps extrêmement court. Rappelons les travaux sur la divisibilité et la furtivité du temps de L. Susskind.

À ce niveau, nous sommes au stade des indéterminations quantiques, nous n'avons que des conjectures. Il n'existe que des énergies vibratoires dont les vibrations correctement choisies correspondent à nos éléments.

La plus belle définition est celle du grand pendule de l'observatoire à Paris, qui semble stable alors qu'il est scientifiquement animé de petites vibrations imperceptibles, indéterminables. Nulle énergie n'est stable. À ce stade de définition, la théorie quantique nous dit que si nous définissons une réalité par sa position (elle est là), nous éludons la définition de sa vitesse (deux mille kilomètres-heure) et vice versa. Or, il nous faut au moins ces deux éléments pour définir une particule dans l'Univers.

Ainsi la théorie quantique ne dit jamais avec certitude : « le futur sera », mais : « il est probable ou possible que vous trouviez ceci ».

AUDREY

Mais dans ce cas, ce n'est plus de la science.

MAURIAN

Ce ne sont que des conjectures.

Et le plus dramatique, c'est celui qui réclame une vérité, une équation qui insuffle le doute. Einstein est l'auteur de la relativité et de la théorie quantique. Il disait : « il n'y a pas un temps, mais des temps ». Autant de points vous pouvez tracer, autant d'horloges il y a, autant de lieux s'affirment. Ainsi tous les supports sont équivalents.

AUDREY

Nous avons donc un problème pour définir le temps et l'espace, avec la définition du réel à ce stade-là, c'est beaucoup ! À la limite, il n'y a qu'une grande question fondamentale regroupant toutes les autres : qu'est-ce qui EST selon quel temps et quel espace ?

MAURIAN

Ça veut dire qu'un monde s'achève et que les règles théoriques de la science classique ne s'appliquent plus. Comme disait N. Bohr, il faut changer de modèle.

III - Théorie quantique - Biologie et temporalité

MAURIAN

La physique quantique ouvre sur un univers où rien n'est réellement stable. Le niveau fondamental est en perpétuelle agitation et la fixité que nous donne notre vision est fausse.

AUDREY

Au début, il y avait une boule d'énergie compressée sans rien autour, puisque l'Univers est cette boule. Nous ne pouvons pas dire pulvérisation, mais nous pouvons dire que cette masse inconnue a réagi en sens inverse, entraînant l'expansion.

Einstein affirme que l'Univers n'a pu se « ratatiner à zéro » à cause de la masse qui, comprimée, exprime son inertie et sa rétroactivité.

Est-ce que dans l'expansion, la vitesse de la lumière a été dépassée ? Certains scientifiques le pensent, car le taux d'expansion dépasse la distance qu'aurait pu parcourir la vitesse de la lumière. Dans ce cas, comme le mentionne E. Gunzig, nous avons des régions de l'Univers qui n'ont pas eu de photons et d'autres qui s'en sont trouvées colonisées. Dans le cas de régions non occupées par les photons et d'une phase où la vitesse de la lumière a été carrément dépassée, les futures définitions de la relativité comme telle ne peuvent s'appliquer. De plus, au moment critique de la contraction de l'Univers et avant le rebond thermodynamique, quel temps et quel espace pouvons-nous calculer ?

Et à ce moment de compression, l'énergie dans sa globalité possède ses propres définitions primaires. Les premières manifestations vont exprimer l'effet compressif, l'intrication et l'expression de ses définitions.

MAURIAN

Je pense que tu as très bien exprimé le problème. Une énergie, une réalité, est une et quand elle devient A, B, C simultanément, elle exprime l'expression de son unité première. Il faut étudier ses différences, ses liaisons et ses temporalités. Ainsi, si dans les premiers temps de l'Univers se créent des particules aux spins inversés, elles garderont à jamais cette définition, quel que soit leur éloignement futur.

Ceci veut aussi dire que le temps et l'espace ne peuvent pas au début être associés comme les scientifiques l'ont fait, mais confondus dans la compression première.

Quand l'espace et le temps n'existaient pas encore, quand nous n'avions qu'une gélatine brûlante, comment pouvions-nous mesurer l'espace, la distance et le temps ?

De plus, elle a trouvé dans cette concentration, d'une manière ou d'une autre, le moyen de surmonter l'opposition matière-antimatière sans se détruire. Même cette destruction est une énergie qui va produire les deux autres en retour.

Il ne paraît pas qu'elle pouvait indéfiniment rester bloquée sur elle-même. Une première loi s'exprime : concentration-réaction. L'Univers s'expanse et se refroidit.

Les premiers « instants », donc le temps, vont conditionner l'Univers et créer une histoire.

Ce n'est qu'au bout d'un refroidissement certain que les éléments, les quanta, par strates et phases se sont détachés, qu'ils ont pu s'associer par différences et complémentarités.

Des condensations, des « explosions », des associations, des dissociations se produisent. Les premiers éléments s'agencent et se désagencent. L'Univers se refroidit. Les éléments se combinent, entraînant des chaînages et d'autres éléments plus riches. Les grandes plages de température et de refroidissement forment les époques des grandes générations d'éléments. Ainsi, nos savants peuvent nous fournir les courbes de température et d'origine d'apparition des divers éléments, du plus stable, du moins en apparence, jusqu'au plus ténu existant de la manière la plus brève possible, à la limite de nos instruments actuels.

Comment nommer l'élément créé de presque toutes les fusions, avant les premières fissures et vibrations ?

Toujours est-il que les strates de température conditionnent les vibrations créant les éléments et leurs combinaisons.

Einstein est resté fidèle ou enfermé dans le schéma de la masse sur l'espace-temps et l'inertie. Masse et inertie étaient pour lui les deux principes les plus importants de l'Univers.

1) Paliers quantiques

MAURIAN

Pour A. Einstein, l'Univers provient d'une bulle d'espace qui s'expanse et crée les fragments, les quanta, par frottements. Il supposait donc que l'hyper-concentration appelait une dynamique, qu'il appelait l'espace-temps et continuum dynamique. Ce dernier constituait les objets et ce qui séparait ceux-ci comme énergie.

Donc par définition, l'Univers entier est composé d'une même énergie, sous-partitionnée en quanta spécifiques et ondes de projection, d'expansion.

La théorie quantique réinterpréta ce schéma en disant que la soupe primaire constitua des particules de prime abord non définissables, et qu'elle nomma fictives.

Fictives dans le sens qu'à l'époque de l'Univers et qu'en fonction des densités et températures, nous ne pouvons dire ce qu'elles sont advenues dans des vagues d'expulsions, de vibrations qui ont envahi l'onde première. Dans la mesure où l'ordre de grandeur va du plus fort au plus faible, c'est une suite de tsunamis qui se sont succédé. Einstein avait prédit ces ondes sismiques, qui dans le cosmos s'appellent ondes gravitationnelles au début de l'Univers.

AUDREY

Oui, mais deux théories opposées vont naître pour expliquer la suite.

MAURIAN

Einstein va associer le continuum espace-temps aux champs et créer avec la théorie de la relativité générale une théorie des champs. Pour lui, l'espace-temps se déforme sous la masse d'une planète et c'est ce qui attire les objets vers elle en créant ce champ, l'Univers est ainsi une collection de champs. Des expériences avec des satellites tournoyants sur eux-mêmes et possédant de longs bras ont été produites, il en résulte que l'espace-temps et l'énergie autour d'eux sont entraînés et perturbés. Les premières ondes gravitationnelles ont été détectées.

Voici pour le macrocosme.

La science moderne nous dit : les particules indifférenciées parcourent l'Univers, certaines passent à travers un champ nommé le champ de Higgs, et en fonction du temps d'exposition dans ce dernier, elles acquièrent la densité, leur masse, ce qui constitue leur spécificité.

La théorie quantique stipule que par les vibrations et variations, les particules fictives participent à une sorte d'échange sous la forme de crédit-débit dans l'Univers. Celles qui retrouvent leur partenaire antimatière retournent au niveau fondamental, celles qui ne retrouvent pas leurs partenaires pour les détruire passent à la réalité, à la densification, par transformations et vibrations.

Elle définit un vide premier composé d'une quantité astronomique de particules fictives. L'Univers et nous-mêmes pouvons recréer n'importe quel élément de l'Univers ou du vide fondamental en modulant différentes vibrations.

AUDREY

Nous avons deux explications, mais là où ça se corse, c'est si nous partons de l'explication de la science moderne, prenons par exemple notre peau : elle est souple, composée de cellules, de molécules, puis d'atomes, eux-mêmes composés d'électrons, de protons, de neutrinos, de quarks, de gerbes d'étincelles, puis d'énergie, mot global qui nous sert de pseudo clôture à notre raisonnement, mais qui marque notre ignorance pour expliquer la suite.

MAURIAN

Voici le domaine quantique.

Partons du deuxième raisonnement : des vibrations parcourent l'Univers, créent des particules qui vont se densifier, s'associer et au bout, ces particules lacunaires, ces quanta flottant dans le vide et dans le vivant constituent des tissus, des os et dans les rues du béton.

Qui interprète les niveaux des tissus, des organes, de notre peau, de l'arbre ou du béton ?

Que devons-nous croire : nos sens, notre vision ou notre cerveau ?

Les atomes comme multiples points infinitésimaux qui parcourent tout l'Univers se combinent, se désassocient excitent mes neurones.

Comment ces nuages d'énergie vagabonds me créent des collections de parfums, de visions ?

Mais je ne suis pas un produit à part, je suis ce composé d'atomes de nuages ainsi bien disposés qui donnent des idées et me représentent ce spectacle.

Lee Smolin prend un exemple simple : j'ai en main un caillou, j'en saisis la dureté et la forme, mais je ne sais rien de sa constitution profonde. D'abord, qu'est-ce qu'une réalité, une constitution profonde ?

AUDREY

Je vais le peser, l'analyser, voir quelles roches le composent, mais en lui, qu'est-il ?

Une synthèse d'une collection d'autres éléments.

La connaissance que j'en ai n'est faite que de mesures, une taille, une longueur, une largeur, un poids, une masse donc une résistance, une force d'opposition. Bon, il pèse cinq cents grammes, mesure huit centimètres de long, cinq de large, est composé de quartz et de granite. Il est connu autour de qualificatifs, d'attributs, mais qu'est-ce que je connais de cette pierre en soi ? Je peux gratter de niveau en niveau, la détruire, je n'en connaîtrais que des phénomènes.

Longtemps, les humains ont cru au mythe de la chose en soi. Elle n'existe pas.

MAURIAN

Pour continuer le désastreux tableau, Einstein lui-même a expliqué la lumière sous la forme de quanta, c'est-à-dire de petites particules, alors que d'autres savants l'expliquent sous forme d'ondes. Les expériences des fentes de Young pour expliquer la diffraction de la lumière, celles de Morley et Michelson pour expliquer s'il y a une différence de vitesse de la lumière dans des directions opposées (angles de 90° entre les directions et de multiples miroirs disposés) ou par rapport à un supposé éther en fonction de la vitesse de la Terre, de la lumière sur une distance de quelques mètres. Dans tous les sens opposés, la vitesse de la lumière demeura constante, de même pour le rayon qui allait à l'encontre du sens de rotation de la Terre.

Tout ceci entraîne qu'il faut changer de modèle pour expliquer la réalité.

Il n'y a pas d'existence en soi.

La mécanique quantique ne fournit pas une explication complète, mais pose de nouvelles bases sur la structuration atomique.

Comment concilier la liberté et la pluralité des atomes et des mouvements browniens aléatoires et la courbure de l'espace-temps ? Einstein disposait d'un trop merveilleux modèle alliant la géométrie, la dynamique et les mathématiques qui fonctionnait si bien. (C'est l'explication de sa formule alliant l'énergie, la masse et la vitesse de la lumière.)

La théorie de la relativité générale comme théorie énergétique du champ n'explique pas la particule infinitésimale et ses influences.

À nous de mesurer et de trouver les instruments. Les atomes se combinent et les compléments créent des propriétés instables et temporaires qui définissent leurs interactions.

2) **Bizarreries quantiques**

MAURIAN

Deux atomes peuvent être dans les mêmes états. Un atome peut se trouver dans deux états à la fois. (Ici ET là.)

Aussi, il peut être et ne pas être là dans un endroit défini.

Pire encore, quand nous cherchons à définir un électron, ce n'est pas un point à gauche, en haut, ou à droite, la mécanique quantique nous dit qu'il s'étale partout à la fois.

Pour la théorie quantique, deux atomes qui se touchent sont intriqués, c'est-à-dire qu'ils partagent les mêmes définitions et propriétés. Lee Smolin précise que dans le microcosme, pas dans le macrocosme, la position des planètes est évidente, pas celle des particules.

Quand je cherche l'électron ou l'atome, quand je ne les vois pas, ils sont partout à la fois (niveau fondamental), mais quand je pointe un instrument, je les vois sous le prisme de la mesure. Que se passe-t-il dans cette dernière ? Einstein exigeait une connaissance non dépendante de nous, une connaissance non subjective.

Pour lui, nous ne devons pas enfermer l'observateur et l'instrument, par conséquent la mesure, l'idée et le cerveau, dans un même système complexe.

Donc, comment harmoniser la courbure, la masse, la variété des quanta, les quanta pris dans leur individualité et le champ ?

AUDREY

En plus, la théorie quantique stipule, et nous arrivons au comble, qu'elle porte non sur la réalité, mais sur des observables et en plus, qu'elle sépare le monde en deux. L'Univers est divisé en deux et chacun le divise en deux Ondes et Particules.

MAURIAN

Pour la théorie quantique, quand l'onde parvient à son carré, nous trouvons seulement la particule. Un peu comme la mer qui s'enfle et qui roule ses vagues jusqu'à ce qu'on appelle la vague scélérate ou vague démesurée qui se révèle, là elle crée la particule détachée.

Pour la science classique, la particule crée la vague, pour la théorie quantique, l'onde crée la particule. Tout dépend où nous nous plaçons. Aujourd'hui, à l'intérieur de l'Univers, petit cerveau qui le questionne, je suis bombardé de particules dont j'essaie de trouver les ondes productrices, les vagues perturbatrices des premiers systèmes.

Si je me place dans le sens de la création, il n'y a qu'une onde première essentielle composée de milliards : l'expansion.

Il nous faut mettre en parallèle la courbe descendante des températures et les multiples ondes créées. Il y a autant de particules fragmentées que d'ondes.

Les ouragans composant l'expansion créent les particules.

AUDREY

Tout ceci n'explique pas que le chat soit mort et vivant. Quand suis-je morte et vivante ?

MAURIAN

Ah ce fameux chat, qu'est-ce qu'il aura fait couler d'encre ! À quel niveau le considères-tu ?

Si tu parles au niveau quantique des énergies, tu n'as aucune énergie vivante ou morte. Nous provenons tous des atomes et des énergies du niveau fondamental.

C'est la même chose quand nous disons que nous provenons tous de l'homme préhistorique.

AUDREY

Dans les deux cas, dans nos gènes et dans nos atomes, nous en avons des traces constituantes.

Comment expliquer l'argument d'Einstein, cité dans ton livre *Questions fondamentales* et dit EPR (Einstein, Podolsky, Rosen), sans variables cachées ?

MAURIAN

Einstein part de sa relativité, de sa courbure géométrique et dynamique, il développe sa logique. Ses arguments seront donc déterministes et exprimeront la relativité et la dépendance à la vitesse de la lumière. Rien n'a pu la mettre en défaut. Pour lui, l'Univers exprime en tous sens l'espace-temps, et ce dernier est perturbé par la masse.

La théorie quantique change les conditions d'expression du déterminisme et du temps.

AUDREY

Dans la science classique, si nous avons une série, chaque étape est la cause de la suivante et celle-ci dépend de la précédente. Si nous marquons A, B, C, D, nous pouvons dire avec certitude que B cause C et A cause B par exemple. Pas pour la théorie quantique, qui rompt avec ce formalisme déductif.

Je jette un dé, j'obtiens 5, puis 2, puis 1, puis 6, peux-tu me dire en quoi 5 conditionne 2 et 2 conditionne 1, ce ne sont pas les chiffres qui sont cause, mais ma main ?

MAURIAN

Il en va de même pour le chat : quand je parle d'un chat en général et que je place le Lego sur le puzzle de mon petit-fils ?

C'est une figurine mal dessinée et rien ne dit qu'il est vivant ou mort, je lui donne une place dans des géométries. Il n'est en aucune façon fait mention d'une vie ou d'une mort.

Par contre, si je parle du chat du petit voisin, blanc et noir, qui passe tous les matins sous ma fenêtre, j'ai à ce moment-là, dans ce temps-là, une question de temporalité et d'attributs de qualités.

Quoique la théorie quantique aille plus loin et dise : « ce n'est pas parce que je l'ai vu hier qu'il est vivant en ce moment. Supposons donc sans engagement qu'il en est peut-être ainsi. »

Le chat en général sans aucun qualificatif est différent du chat que je désigne avec telle ou telle qualité, donc bien particulière.

Comment définir le chat du niveau quantique comme énergie et totalité de particules et celui du voisin ? Pourtant le second est formé du premier et tout le problème est là.

Ils sont superposés, confondus, intriqués, l'un n'existe pas sans l'autre.

AUDREY

Comme tous les êtres, même s'il est difficile d'accéder à cette croyance.

MAURIAN

J'ai une autre explication bien plus scientifique. Quand tu considères le chat comme provenant du milieu fondamental, formé de quanta, ceux-ci sont indifférents, indéterminables. Est-ce que tu es allée chercher des quanta noirs, blancs, marron, vivants ou morts, grands ou petits ?

À ce sujet, la science classique te dit si tu as B et A, tu sais que A conditionne B, puis B en fait de même pour C et ainsi de suite, mais quand tu remontes de B vers A, au stade fondamental, tu ne trouves plus une particule référente, mais une infinité plus des vibrations, ce qu'on appelle niveau fondamental ou vide fondamental, dans le sens où tu ignores la vibration qui produit.

C'est ainsi que la théorie quantique te dit que certaines de ces lois ne sont pas réversibles. Quand tu remontes de B vers A, au fond fondamental, il n'y a plus une cause, mais des milliers de particules et de vibrations. Comme pour le jet de dé, partant du premier jet 5, tu ne peux rien dire sur ce qui va arriver. Ainsi, la théorie quantique n'ouvre que sur une seule certitude et la relie à l'incertitude fondamentale.

Si tu es sûr de l'une, par exemple le premier jet, et que tu as obtenu 5, le jet suivant s'ouvre sur une incertitude totale pour son futur jet ou cause, en effet, quelle est la cause de 5 ? ça n'a pas de sens. De fait, où est le sens ?

Audrey

Partant une nouvelle fois de la science traditionnelle, cette dernière stipule que pour décrire l'état d'un système physique, il faut une double information : position-impulsion, volume-pression (page 31 de *La Révolution inachevée d'Einstein*, de Lee Smolin).

La théorie quantique va déclarer qu'on peut choisir entre les éléments. Elle va plus loin. Nous pouvons choisir une certitude en ouvrant une totale incertitude sur l'autre.

Quand nous avons A et B, elle nous dit que dans ce système, si nous choisissons un élément et que nous le mesurons avec certitude, il est impossible de connaître l'autre. L'interdiction porte sur la mesure simultanée. Si deux éléments sont liés, toute mesure sur l'un modifie l'autre.

3) Vous avez dit ambiguïtés ?

Maurian

C'est une affaire de précision ; peut-on mesurer simultanément ? Connaître, c'est associer au moins deux données. A et B, donc bien écrit AB, parce que si nous mesurons A et B, ce n'est plus une simultanéité mais une addition, une coordination de deux choses différentes, et si elles sont différentes comme Einstein le dit, elles ont deux lieux et deux temps différents.

Lee Smolin prend plusieurs exemples : si je mesure A puis B, donc je laisse passer un temps, puis je remesure B avec une lunette de visée, je sépare à chaque fois mes mesures de A et B par des moments différents puis par des espaces différents. Je quitte celui de A pour B, puis B pour A.

Einstein dit bien lui-même : autant de points vous aurez, autant d'horloges donc de temps vous trouverez.

Si je raisonne sur mes actions, je découpe mes actes en moments et positions différents et dans ma lunette de visée, je ne peux pas voir A et B, puis B et A en même temps.

Si j'attribue des qualificatifs à A et B de position, d'impulsion et de vitesse, je ne peux en même temps me représenter chaque réalité, mais une collection de points représentant sur un tableau les positions qui ne correspondent plus à chaque fois. La vitesse est par exemple de deux cents kilomètres-heure (un nombre) et les positions s'enchaînent.

AUDREY

Si je mets le doigt sur un point, le temps de comprendre, il n'y est plus en fonction de sa vitesse.

Il en va de même pour tout système composé, dont le fameux chat. Est-ce que je le considère comme animal ou comme système de particules ? Les deux plans sont généralement confondus alors qu'ils ne le devraient pas.

MAURIAN

Cette observation va plus loin. Un système de particules est toujours animé et jamais mort entassé dans un coin. Qu'est-ce que la mort d'une particule ? Ça n'a pas de sens.

La théorie quantique en dérive une loi : si vous connaissez parfaitement un élément, l'incertitude maximum se porte sur l'autre. Si vous dites « je connais l'impulsion », il vous manquera de préciser la position, la masse, la constance... Si vous donnez la position, vous arrêtez là, en un endroit, la représentation de la vitesse.

Voici pourquoi la mécanique quantique vous dit : entre les couples de la physique traditionnelle, vitesse-position, énergie-impulsion, volume-densité, vous pouvez toujours en choisir un, l'autre aura une totale indétermination.

Nous voyons que dans tous les cas, les composantes antérieures s'expriment sur les modes de l'espace et du temps.

La position, c'est localiser, la vitesse, c'est faire défiler dans le temps. Toute valeur extrêmement définie serait égale à o sur un axe, ce qui est quantiquement impossible.

Mais nous voyons une inconnue se profiler : la position, donc l'espace, n'est pas concrète mais relative et émergente.

AUDREY

Tu consacres l'impossibilité de définir une réalité par deux points sur une droite, mais aussi sur une courbe. Quand tu cherches à définir un mobile, tu le définis sur des axes de coordonnées. La théorie quantique te dit qu'en réalité, tu ne peux réduire à zéro une réalité sur des coordonnées (c'est l'histoire du pendule qui vibre toujours).

Nous arrivons à deux oppositions : comment définir une onde et une particule animées dans l'espace suivant le temps ?

Cette dualité fonde l'ambivalence de la définition du monde quantique.

Si je comprends bien, en voulant trouver une théorie fondamentale et ouvrir sur le réel scientifique, ce qu'on nomme science s'est fourvoyé. Au temps d'Aristote, il suffisait de tracer un point sur une droite, au temps de Descartes, un point sur un vecteur et un axe de coordonnées pour situer scientifiquement un point. Maintenant, la science a ouvert sur l'indiscernable et l'inconnu.

Ce point, ce réel, cette particule prend son temps ou son espace relatif à d'autres. Ils sont relatifs à ces derniers, non absolus et de plus en plus loin, se perdent dans le vide fondamental.

MAURIAN

La particule devient relative à la vitesse de sa projection sur une cible et a une gerbe d'étincelles, elle est donc fréquence, masse et vitesse.

Une réalité est de nos jours une moyenne tributaire d'une cible, de densité, de masse, de temps...

AUDREY

La réalité n'est plus visible que sous forme de traces dans des chambres à bulles en fonction d'électro-aimants géants. Ta réalité est fonction d'instruments, de techniques. Elle est construite. La logique scientifique extrême en arrive à la description biologique. Les deux formalismes se rejoignent.

Le cerveau construit son système de systèmes. Ses efficiences trouvent des systèmes représentant au bout des raisonnements sa propre expression.

4) Questions de conceptions

AUDREY

Loin d'être une querelle de théoriciens, ce sont deux abîmes qui s'ouvrent.

La théorie quantique dit qu'elle ne porte que sur les observables, ce qui est construit dans l'idée, ce qui fait dire à N. Bohr qu'elle ne parle pas de ce qui EST, mais de ce qui est observé (Lee Smolin) sans se soucier de savoir si une réalité extérieure lui correspond.

MAURIAN

La scène est plantée. Il ne s'agira pas d'ontologie, de question de l'Être, mais de phénoménologie. Pour les réalistes comme Einstein, la science désigne la réalité extérieure provoquée par les stimuli (nous nous rapprochons de notre chemin).

Pour Einstein, il n'y a pas de doute entre macrocosme et microcosme.

La théorie quantique sépare les deux.

AUDREY

Nous ne connaissons le monde quantique que par procuration d'instruments, moyennes, équations, ensembles et sous-ensembles, conjectures sur les suivants. Au lieu de trouver la théorie explicative, nous trouvons une théorie incomplète portant une fois sur l'onde, une fois sur la particule, sur des probabilités. Elle consacre l'impossibilité de connaître le futur, dans la mesure où son objet dans le présent n'est pas totalement défini.

Comment peux-tu expliquer et suivre tous les atomes et molécules d'une pièce, d'un chat, d'un humain ?

MAURIAN

Nous sommes obligés de généraliser, de rendre des statistiques approximatives et générales. Je parle et désigne l'ensemble, je schématise et appauvris. Plus nous approfondissons notre connaissance, plus nous longeons les limites des indiscernables et surtout celles du temps. Qu'est-ce que le centième, le millionième, le milliardième de milliardième de seconde et de réalité saisie dans une chambre à bulles ?

Mais cette impossibilité de connaître la position de tous les atomes, les cellules, les bactéries d'un chat nous fait entrevoir autre chose. Bien sûr, l'approximation, la généralité masquent, appauvrissent, mais ce sont des moyens, des raccourcis. Il nous faut surtout découvrir, comme nous l'avons fait dans la biologie et la première partie de notre livre, les lois, les systèmes qui créent ces procédés.

De plus, la complémentarité des visions quantiques et relativistes nous offre deux spectacles opposés, parfaitement décrits par L. Susskind dans son exemple imaginaire de la condamnation de S. Hawking.

Sur leur planète, ceux qui l'ont condamné voient le vaisseau qui le transporte se diriger vers le centre du trou noir et se ratatiner, compressé à jamais dans d'horribles douleurs, alors que lui explique tranquillement et sans contrainte à sa famille que leurs corps et leur vaisseau sont en réalité soumis à deux forces opposées, compression et élongation, complémentarité de base du principe d'équivalence d'Einstein, et qu'ils vont mettre des milliards d'années à traverser ce lieu à l'horizon étrange.

AUDREY

La question qui se pose et se posera, c'est : que traduit exactement l'information construite ?

Je comprends qu'il y a une manifestation et dessous, l'infinité de l'inconnu qui la produit.

De plus, ton histoire me fait penser à une question encore plus fondamentale que je te renvoie souvent. Notre système capte, traite des atomes et nous rend une représentation de nous, de notre type de vie. Quand ce métabolisme tombe en panne et que nous mourons, que deviennent non pas nos atomes, ce sont des briques, mais l'expression de l'information de base qui nous construit, qui assemble ces quanta ?

Maurian

J'avais bien compris ton insistance, pourquoi crois-tu que je poursuis la réalité fondamentale de l'information ?

Chaque élément reprend son indépendance dans un voyage indéterminé. Quand et comment seront-ils captés à nouveau dans d'autres associations ? Nous n'en savons rien. Ici est le jeu quantique. Il y a entre ce que nous sommes maintenant et ce moment un cône de devenir structurel d'agencements qui nous sépare de ce moment. Heureusement, nous n'y retournons qu'à la mort.

Cette dernière est un déséquilibre d'agitation qui structure ou non les combinaisons. Quant à la mesure, elle est un moment qui fige dans le temps, qui arrête le devenir et n'en livre qu'un espace.

C'est notre mesure qui imprime un sens et qui peut donner au gré de nos progrès quantité de résultats et ouvre sur les probabilités. La théorie quantique a pour habitude de dire que la mesure modifie l'état quantique initial jusqu'à la mesure suivante, qui sera elle-même probabilité, fruit d'approximations, car elle sera focalisation et non généralité de toutes les données. Au fond, tu commences à comprendre que la réalité n'existe pas, elle est construite. Elle remplacera, se juxtaposera à la précédente. Nous isolons un nombre égal de gens qui aiment les chats et les chiens et nous les réunissons dans une pièce. Si nous les interrogeons et essayons de prédire les réponses, au bout d'un temps donné, le résultat ne sera que statistique. Mais Lee Smolin se pose la question de savoir si ce résultat mesuré est vrai physiquement. Une fois le comptage ou la meure d'un phénomène terminé, s'agit-il d'un réel changement dans la nature de l'indétermination première ou à partir d'elle, de la connaissance que nous en avons ?

La mesure, ma traduction, plaque une représentation mathématique, mais qu'est-elle par rapport à la réalité auparavant indéterminée, si je replace les gens en situation pour d'autres questions, elle s'évanouit.

AUDREY

À partir de la réalité profonde, avec toute l'indétermination de cette appellation, le nombre de gens qui aiment les chats et les chiens, il y a la réalité que je peux dénombrer et la statistique que je peux en tirer en fonction du temps et des réponses plus ou moins précises des gens qui ont compris la question et s'il fallait se réunir ou pas. J'exprime et je traduis un fait à qui je confère les attributs de la réalité (ma définition de la réalité), demain, un autre savant fera de même. Si les réalités sont deux, c'est qu'elles sont différentes avec des temps différents et donc des lieux différents.

5) Origine des lois des systèmes

MAURIAN

Si nous reprenons nos exemples de gauche ou de droite, aimer les chats ou les chiens, ces systèmes sont caractérisés par des contraires et quand nous posons des questions, nous obtenons des situations qui les caractérisent, comme les spins des molécules pour l'argument EPR.

Pour cet argument, les spins sont opposés. En ce qui concerne les attirances des gens, au début, elles sont indéterminées tant que je n'ai pas posé la question : « qui aime les chats ? Placez-vous dans la pièce de gauche et ceux qui aiment les chiens, allez vers la droite ». Si plus tard, je mélange mes gens sous un préau, je connais le pourcentage des expressions.

Au départ, nous avons des systèmes superposés, intriqués dans une particule mère, puis la création en a fait des systèmes opposés. Pour les spins, nous les éloignons par une distance que la vitesse de la lumière ne peut parcourir. Dans ce cas, une information entre les deux ne peut pas se propager, c'est-à-dire que nous respectons le principe de localité. Ce principe veut dire qu'une information ne peut pas voyager plus vite que la lumière. C'est aussi l'expérience des inégalités de Bell ou d'Alain Aspect (prix Nobel 2022). Tant que le cadre de l'expérience reste dans cette limite, nous avons une explication, mais quand les deux photons sont envoyés à l'autre bout de l'Univers ou dépassent les limites que parcourt la lumière, nous constatons que les photons réagissent et s'inversent si nous décidons d'en inverser un. Qu'importe la distance, une nature d'information a inversé les spins si nous décidons d'en inverser un.

Nous partons d'une constatation locale et nous éloignons les deux photons, donc nous jouons sur l'espacement, sur la distance. Comme l'Univers, nous jouons sur l'étirement de l'énergie, mais nous savons que l'énergie et l'impulsion se conservent dans tous les cas. L'énergie, dans tous les cas de figure, dans toutes les variations de dispositions et d'orientations, conserve ses propriétés.

Lee Smolin se demandait : qu'est-ce qui est à l'œuvre sous les lois, les phénomènes fondamentaux ?

Nous découvrons que l'espace et le temps agissent, mais peut-être différemment de ce qu'Einstein en avait fait, un continuum dynamique, fonctionnant à l'unisson.

Prenons l'exemple de Lee Smolin, celui d'Anna et Beth qui partagent un état quantique corrélé, contraire. Ce n'est pas une qualité de chacune, c'est une qualité du couple. Si vous posez une question à l'une, l'autre vous répondra de manière opposée. Prenons notre exemple : l'amie des chiens ou des chats, vous envoyez l'une des deux à l'autre bout de l'univers. Si vous posez à l'une : aimez-vous les chiens ou les chats ? sa réponse détermine ipso facto l'amour de l'autre, sans correspondance entre les deux. Si Anna répond « chien » sur Proxima du Centaure, Beth sur la Terre répondra « chat », et si cette dernière inverse sa préférence, simultanément sans correspondance, Anna modifiera la sienne. Le mot important est « immédiatement », sans communication. Les questions posées à ANNA et à BETH ne peuvent pas influencer les unes ou les autres, car la communication met quatre ans à nous parvenir.

Les scientifiques en déduisent que les amours chien et chat, droite et gauche, sont bien des vérités des deux êtres liés. Quand nous inversons un photon, comment l'autre est-il informé, même si nous recommençons plusieurs fois l'inversion ?

La théorie quantique viole la localité et le rapport vitesse-temps de la relativité. La théorie quantique n'est pas locale.

AUDREY

Aucune information ne va plus vite que la lumière, ici la science constate mais est en défaut d'explication.

Pourtant, deux photons modifient leurs positions d'un bout à l'autre de l'Univers.

La seule manière d'expliquer ce fait, c'est d'expliquer l'état intriqué du départ.

6) États et systèmes

MAURIAN

Par l'intrication, nous entendons états qui partagent des propriétés au niveau de leur être, propriétés semblables ou opposées. Vous modifiez une correspondance, ils se modifient et restent dans tous les cas tels que ce qu'ils sont définis dans leur être constitutif, dans leur structure et sont universels.

Ainsi la physique n'est pas locale et ce principe est erroné (Lee Smolin, p. 60 de *La Révolution inachevée d'Einstein*).

Le chat dans sa présentation temporelle peut être blanc et noir, marron, roux. Quantiquement indifférent, une couleur marron est rouge et verte, une grise est noire et blanche à la fois. Ainsi le gris EST à la fois un mélange des deux, il est à la fois l'état fondamental et les excitations qui l'ont fait devenir tel ou tel photon après le niveau fondamental.

Un état intriqué est un état composé qui ne livre pas ses attributs, comme au départ une particule mère composée qui en possède deux autres aux spins inversés ou comme le marron qui comprend deux couleurs sans nous les livrer de prime abord. Le marron possède les deux, rouge et vert. Un objet peut être de couleur verte, rouge, jaune...

Le chat peut être mort, vivant, ou en train de mourir.

Il est d'abord le niveau fondamental, puis le spécifique que nous voulons.

La superposition se rapporte à un cumul de strates, ce que l'on fait quand nous présentons une personne aimée.

Nous ajoutons les qualificatifs les uns aux autres.

La combinaison s'apparente à une exclusion de propriétés. Le chat est vivant ou mort.

En théorie quantique, les choses ne sont pas aussi déterminées. Nous savons que notre atome se désintègre après une demi-vie ; que devient notre chat ?

Après la demi-vie, il est désintégré lui aussi, mais si nous l'observons avant, qu'est-ce qu'un huitième, un dixième de vie ?

Il n'y a pas que des relations simplistes de A à B, il y a parfois des séries, B, C, D, que les ordinateurs quantiques et satellites utilisent. Un état donné dans des conditions de température et de magnétisme, ou de certaines réactions, livre sans intervenir une suite de supports A, B, C, D dans toutes les opérations en en multipliant les capacités. La théorie quantique appelle ces états des états corrélés.

Audrey

Je demanderais pause et réflexion. Ne viens-tu pas de décrire l'enchevêtrement, puis la hiérarchisation de la construction du Vivant, ou des phases d'accord et de rejet des cellules, molécules du Vivant ?

MAURIAN

Ça ressemble fort à des aiguillages, à une programmation, à des mises en séries et trames de particules et de bactéries. Si tu as un état, ce dernier entraîne une chaîne complète qui suit ou qui s'inverse comme contraire.

Plaçons-nous dans le cas de notre membrane qui se vide d'un côté des ions plus et se remplit de l'autre des ions moins. Elle se distingue par un cumul caractérisé par ET, à la fois simultanés et opposés. Le seuil est attendu par l'équilibre du ET, mais avant d'y arriver, il y a bien une superposition entrée-sortie. L'état global de la membrane est incertain, en train de changer et ses propriétés se modifient.

Prenons mes différents modes d'être : moi, rappelons-nous l'auteur possiblement au fond de l'eau avec son avion qui s'est abîmé dans un accident alors que quatre jours plus tard, il monte faire sa conférence. Mes possibles sont tous superposés au même rang, seuls les états qui se réalisent sont successifs. Notre membrane est tributaire de l'équilibre d'énergie, de la bonne nutrition, de la température, de la bonne santé, donc du contexte, or tout fait quantique est dépendant du contexte et est appelé contextualité.

La ressemblance entre la théorie quantique et notre membrane va plus loin. En théorie quantique, A peut être compatible avec B, C, D, mais non avec le reste de la suite E, F.

Exactement comme les étapes de séries dans la création humaine ou des lignes génétiques.

Ces propriétés corrélées et décorrélées trame par trame finissent par constituer des systèmes différents ou complémentaires.

Ces ensembles constituent des ensembles collectifs. (Par rejets ou complémentarités.)

Dans ces étapes de la théorie quantique, à quoi avons-nous assisté ?

Dans l'intrication, le maillage de plusieurs propriétés, la superposition, la corrélation, la communication ou non à longue distance dépassant celle de la lumière, nous avons joué à rapprocher ou à éloigner l'espace et le temps.

De quoi se joue et meurt le Vivant ?

Comment concilier la courbure espace-temps qui allie la géométrie, la masse, l'énergie, le dynamisme avec la théorie quantique qui parle d'intrication, de non-localité, de contextualité, de particules probables et toutes petites, de relations structurelles, causales ?

Rien ne peut aller plus vite que la lumière, certes, mais l'expérience prouve que deux états intriqués non seulement existent, mais s'ajustent quelles que soient les fréquences qu'on leur fait subir. Quand une propriété est constitutive de l'énergie, elle demeure quels que soient les cas de figure, les spins s'inversent.

La masse courbe l'espace-temps et même l'entraîne, mais si l'espace-temps constitue les objets et leur entourage comme un brouillard général, une énergie constitutive, pourquoi un millionième de gramme comme particule n'en fait pas de même, dans ce cas, les effets sont proportionnels et relatifs à la masse, même dans un ensemble lacunaire et tramé, non visible et mesurable.

Quand une propriété est constitutive, l'énergie la distribue.

Nous avons donc par le niveau quantique un changement d'échelle. L'effet de la petite masse de la minuscule particule devient relatif au champ et à sa masse.

La rigueur d'Einstein s'est heurtée à la théorie quantique.

Les quanta n'obéissent pas aux mêmes règles de temporalité donc de causalité.

La théorie quantique aboutit à des ensembles, des moyennes, des probabilités.

Audrey : En somme, nous exprimons des probabilités quand nous n'avons plus les instruments pour mesurer l'imperceptible.

7) Conceptions scientifiques

Maurian

Pour Bohr, les particules et les ondes ne sont pas des attributs de la nature. Ce ne sont que des idées que nous imposons à la nature. Après notre parcours, nous pourrions dire que nous les construisons à l'occasion de stimuli de la nature (p. 91 de *La Révolution inachevée d'Einstein*). Les électrons ne sont pas des idées, mais des entités microscopiques que nous ne pouvons observer directement et nous n'avons pas d'intuition à leur sujet, si ce n'est que des simulations et simuler, c'est recomposer. Ce que nous observons n'est pas l'électron lui-même, mais des réponses à de grands dispositifs d'interrogations.

Il ne faut pas prendre trop au sérieux une image, même si nous parlons de particules, car nous nous trouvons dans le cas de la contradiction vitesse, position.

Pour Bohr, la science ne concerne pas la nature. La cause provient du fait que nous n'interrogeons jamais directement cette dernière, mais toujours par l'intermédiaire de puissants instruments. La science ne donne pas une description objective de la nature. Qu'est-ce qu'une connaissance objective, de l'objet, de la réalité extérieure, quand nous la concevons par nos yeux, nos neurones ?

Une connaissance de l'objet est une traduction de stimuli.

Pour Heisenberg, la science ne prend en compte que ce qui est observable. Nous sommes loin du réel. Ainsi son but n'est pas l'énergie, mais les modes qui affectent les instruments. Bohr, Heisenberg et Jordan (p. 95 de *La Révolution inachevée d'Einstein*) rédigent la théorie appelée théorie quantique, qui se concentre sur la façon dont l'atome répond aux questions d'un appareil de mesure externe. Elle n'implique aucune grandeur qui décrirait une trajectoire exacte entre les électrons indépendamment des interactions entre eux. La théorie glisse sur les études des interactions.

Face à ceci, Einstein, de Broglie et Schrödinger étaient réalistes et croyaient à la réalité de l'électron, non à sa substitution intellectuelle. Pour eux, l'électron et l'onde existent. Il n'y a aucune obligation à décrire la particule plutôt que l'onde. Bohr en appelle à une nouvelle physique et à de nouveaux modes de pensée, il réclame une nouvelle philosophie. Il avance la thèse de la complémentarité.

Pour lui, ni les particules ni les ondes ne sont des attributs de la nature, mais sont utiles en tant qu'images intuitives que nous construisons à partir de l'observation des grands objets, comme les billes et les vagues de mer.

AUDREY

Une nouvelle fois, nous allons inviter A. Einstein.

En ce qui concerne la réalité du monde extérieur, voilà ce qu'il en dit : « le premier pas pour penser un monde extérieur réel est la formation du concept d'objet matériel... De la multitude de nos expériences sensibles, nous prenons arbitrairement et mentalement certains complexes d'impressions sensibles qui sont interprétés comme expériences sensibles et nous leur associons un concept. » (page 20 du livre *Conceptions scientifiques*).

« Le second pas est ce que nous attribuons à ce concept d'objet ». Einstein croyait à une réalité extérieure.

Le principe d'incertitude, l'impossibilité de définir la position et la vitesse, l'impossibilité de parler des propriétés simultanées conduisent Bohr à étendre sa théorie de la complémentarité. Ondes et particules ne se contredisent pas. Le reproche qu'opposent les scientifiques à la théorie quantique, c'est que si nous ne pouvons pas lier la position et la vitesse, la position et l'impulsion, nous ne pouvons pas prévoir un fait dans le futur, il n'y a plus aucun déterminisme. Pour résoudre ce dilemme, Bohr expose sa thèse de la complémentarité. Pour lui, dans la réalité, il n'y a aucune obligation de partir de la particule ou de l'onde.

MAURIAN

Lee Smolin résume ainsi le point de vue de Bohr : on ne peut attribuer une réalité indépendante, au sens physique ordinaire, ni aux phénomènes ni aux agents d'observation (p. 99 de *La Révolution inachevée d'Einstein*). Cette analyse est idéologique et est contrebalancée par l'étude de de Broglie, pour qui particules et ondes existent réellement. L'onde s'étend et la particule apparaît quand l'onde atteint son carré.

Je ne tiens pas à rentrer dans tous les courants, les thèses des auteurs et toutes les réfutations des uns et des autres, de l'idéalisme jusqu'à l'empirisme, Lee Smolin fait une brillante étude pour en dégager les procédures les plus fines.

AUDREY

Tu recherches comment les évolutions des processus macro et microscopiques découlent les unes des autres. En fait, la question centrale devient celle de la compréhension du devenir, du passé au futur, trouver l'enchaînement causal ?

C'est donc la liaison espace-temps qui est encore en question.

Avant, il faut nous poser la question suivante : par quels moyens allons-nous surprendre cette provenance ?

Quels sont les outils mis au point par nos savants ?

8) Bon usage de l'espace et du temps

MAURIAN

Heisenberg part d'un constat simple : il est inutile de vouloir décrire les trajectoires d'un électron, étant donné qu'à l'intérieur de l'atome, les électrons s'équilibrent dans un état stationnaire. Cette description n'a d'intérêt que lorsque l'électron saute de trajectoire, qu'il émet ou gagne de l'énergie, qu'il interfère avec le monde. On ne va pas définir l'électron par un nombre concernant l'énergie, car ce serait déterminer et confondre la position, la vitesse, l'impulsion et surtout l'énergie comme propriété intrinsèque de l'électron. Heisenberg va prendre deux séries de chiffres et constituer ainsi une matrice. L'important, ce sont les différents aspects que prennent ces représentations traduites par plusieurs nombres pour joindre différents espaces. Heisenberg venait de redécouvrir les matrices et les calculs équivalant à la théorie quantique. Mais les calculs ne donnent existence aux électrons que sous forme de mesure comme énergie et durée, non comme position et mouvement. Pour Heisenberg, on ne peut pas parler de quantités observables sans intégrer l'observation, le savant et ses instruments.

Pour Louis de Broglie, ondes et particules existent réellement. L'électron est un morceau de particule et d'onde et c'est cette dernière qui dicte son chemin à la particule !

Rappelons que nous nous plaçons dans la perspective de l'expansion et que dans ce cas, il n'y a qu'une seule grande onde : l'inflation de l'Univers, qui peut être composée de milliards d'ondes différentes.

De Broglie explique la survenance de la particule par l'intensité de l'onde qui atteint le carré de l'amplitude (page 105 de *La Révolution inachevée d'Einstein*).

Nous trouverons la particule là où l'onde est la plus intense.

Alors, d'où viennent les probabilités ?

De notre ignorance, car nous ne connaissons pas la position originaire de l'onde et de sa création. Nous ne voyons pas comment nous déterminerions ces différentes trajectoires dans le futur. Ce que nous ne connaissons pas pour la particule s'arrange un peu pour les systèmes, dans leurs configurations, ils obéissent aux lois thermodynamiques, ils tendent vers un certain équilibre.

Un système hors équilibre quantique tendra toujours vers ce dernier. (Lois thermodynamiques et théorème de Valentini.) Pour les lois thermodynamiques, si deux systèmes sont en équilibre thermique, stables avec un troisième, ils sont eux-mêmes en équilibre thermique, stables. Pour le théorème de Valentini, il est considéré que l'équilibre est l'agitation maximale avant la déstructuration. Si un système démarre dans une situation différente de l'équilibre, moins désordonnée qu'elle, il est probable que le désordre augmentera jusqu'à ce que le système soit en équilibre. Rappelons que l'entropie ne peut jamais diminuer dans le temps.

L'équilibre ou le déséquilibre est important. Quand le système n'est pas en équilibre, des échanges peuvent se produire instantanément, donc plus vite que la vitesse de la lumière. Imaginons l'Univers primordial. Peut-on dire qu'il était en équilibre ? Les vibrations, l'expansion ont dû rompre au début tous les équilibres dus à la compression.

AUDREY

Alors suivons les configurations des systèmes. Pour un atome, il nous faut trois chiffres, pour trois coordonnées, trois dimensions. Pour un chat, nous estimons à 10^{25} atomes pour une dimension, il nous faut donc considérer trois fois ce nombre colossal. Pensons que chaque atome a sa fonction d'onde, mais aussi chaque sous-ensemble et chaque ensemble et même l'ensemble Chat.

Que représente la notion synthétique, l'idée globale « chat » ? Une idée générale, mais dans sa globalité, elle nous renvoie à des milliards d'atomes que nous ne saisissons pas. Donc un objet, un chat, un être, est une configuration d'ondes, d'atomes, de variations de combinaisons de quanta, d'énergies, de systèmes, que je globalise et que j'appauvris. C'est un espace de configuration. Nous pouvons ajouter les ondes les unes aux autres, pour constituer notre chat. Mais si nous pouvons en ajouter pour le constituer, le vétérinaire, le chirurgien, pourra enlever des morceaux de configurations qui ne fonctionnent pas. Le nombre va conditionner la vie ou la mort du chat.

Derrière le nombre se glissent la quantité et l'échelle, d'espace-temps. Je peux enlever un ou mille ?

Pensons à la rivière, elle peut se séparer en deux, en trois affluents. Maintenant, repensons à nos fonctions d'ondes que j'ajoute et que j'annule quand je choisis ou que des événements imprévus surgissent dans ma vie, comme un accident d'avion pour Lee Smolin. Les fonctions d'ondes s'ajoutent ou se retranchent, mais nous ne vivons que celle dans laquelle coule une énergie qui nous entraîne en système s'auto-organisant et dont j'exerce la conscience. Cette configuration constitue mon moi organique, biologique et spirituel, parmi toutes les complémentarités vivantes.

Là où Einstein parlait en courbure espace-temps, R. Penrose parle en relations espace-temps.

Il se demande si ces relations ne proviennent pas de l'intrication quantique.

Il a voulu unifier les relations quantiques et la physique des configurations sur le modèle de la thermodynamique ou de l'influence des liaisons. Il a créé des jeux de diagrammes qu'il a nommés réseaux de spins.

MAURIAN

Dans ces jeux de configurations, R. Penrose remplace les géométries espace-temps par des relations de causalité dynamiques.

Deux conséquences en découlent. Pour former des formes, des systèmes précis, l'espace-temps est modifié et le champ gravitationnel qui enferme la lumière devient immensément fort. Le temps n'est plus quelque chose qui s'écoule sur une ligne, il s'exprime en tous sens, il change d'orientation pour se lier avec l'espace des configurations. L'espace et le temps ne sont plus en avant, mais en sous-main.

C'est bien sur cette conception que vont s'opposer la théorie de la relativité, qui s'appuie sur une géométrie de l'influence de la masse sur l'espace-temps, et la théorie quantique, qui s'appuie sur un temps unique puisque indéfini. (Quel est le temps des milliards de particules fictives ?)

Nous sommes ici dans les indiscernabilités quantiques.

Pour les particules qui ont gagné en densité, autant de particules il y a, autant nous avons d'horloges ou d'espaces.

R. Penrose veut relativiser le quantique. Pour lui, les états quantiques ne sont pas linéaires, ni en lignes courbes, et le principe de superposition casse la géométrie quantique pour la fragmenter. Les états quantiques sont aléatoires. Dans la relativité, nous passons de l'aléatoire à une mise en courbe. Ainsi la densité, la masse, organise l'indiscernable. (Les ordinateurs quantiques modernes utilisent la liberté et le mouvement des atomes, mais sont bien obligés de les contraindre pour leur donner des consignes et en sortir des résultats.)

Le temps qui était un temps discret de relations devient un temps contraint par la géométrie de la masse, un espace-temps extériorisé.

Pour certains scientifiques tel Everett, la réalité se compose pour les humains de plusieurs branches égales, de plusieurs fonctions d'ondes voisines, de possibles tous équivalents.

La réalité change-t-elle de cadre et de définition ? L'Univers est composé de mondes parallèles, de possibles que nous ne parcourons pas. Nous sommes nous-mêmes scindés et un double de nous tient peut-être une conférence, et ces différentes parties vivent dans des mondes parallèles. Une copie de moi est en train de me lire.

Je peux donc possiblement être ici et ailleurs et le chat peut être vivant et mort dans des réalités, des mondes différents et superposés.

Alors qu'il monte à sa tribune pour faire sa conférence, Lee Smolin aurait pu avoir un double au fond de la mer.

La solution à toutes ces impossibilités générées par la théorie quantique sur l'appréhension du réel pourrait être considérée et résolue en liant dans un système l'observateur et l'objet. En fait, quand le détecteur a été créé, il a été fait pour une finalité : servir à l'observateur, et les deux réalités sont composées de nombreux atomes agités de mouvements aléatoires. Mais dans un même ensemble. Ensemble, leurs grandeurs deviennent macroscopiques et résolvent les inconnues aléatoires quantiques. Il en ressort des grandeurs irréversibles. C'est un caractère important de la théorie quantique, appelé la décohérence. Par elle, par pouvoir d'échelle, les objets perdent leurs caractères aléatoires. Ils deviennent réels, déterminés. La partition ondes-particules est annulée au profit de cette dernière. Nous transformons la décohérence en configuration globale instrument-observateur. Ainsi, la réalité prend la tournure des éléments révélés par le grossissement des instruments qui décomposent et du cerveau qui assemble et associe les qualificatifs. En conséquence, le chat est soit vivant, soit mort. L'Univers se divise en deux, mais nous en choisissons un en écartant l'autre, la focale nous permet de choisir. Les probabilités ne sont pas des attributs de la réalité mais de notre ignorance. La chambre à bulles a été créée par le cerveau et ce dernier cherche les résultats escomptés. Ce que nous appelons décohérence obéit à la loi de Poincaré. Sous certaines conditions, la distribution de particules repassera par leurs conditions initiales. C'est la durée de récurrence de Poincaré. Ainsi, si nous attendons suffisamment, toute distribution peut s'inverser et repassera par ses conditions initiales.

AUDREY

Si j'ai suivi tes raisonnements, tout ce qui se passe sur des durées courtes ne subira pas d'inversions et toutes nos affirmations ne seront qu'approximatives. Nous ne nous basons donc que sur de l'aléatoire. Ainsi, même la mesure qui suffit entre deux ensembles approximatifs est elle-même incomplète et provisoire. Pourquoi sommes-nous dans l'approximation ? Parce que toute mesure et connaissance laisse de côté le stade fondamental en fonction du temps. C'est-à-dire qu'une distribution étant faite, la distribution inverse ou recomposition doit pouvoir se produire. C'est la notion même de preuve en théorie de la science classique. Je considère que nos discussions tournent autour de la considération de l'espace et du temps. Nous essayons de figer l'espace et le temps en grossissant la focale pour étendre l'objet à son entourage et à l'observateur.

Mais ces conceptions vont plus loin. Pourquoi les scientifiques actuels essaient-ils de trouver les particules super -massives formées au début de l'Univers dans ce qu'ils appellent la super symétrie ?

Ils veulent cerner la complémentarité et la globalité des existences.

Quand nous parlons d'états quantiques, nous parlons d'états excités qui proviennent du vide fondamental.

Ou nous reproduisons exactement en laboratoire les vibrations qui correspondent et vont créer tel ou tel élément, ou la probabilité s'impose et demeure une propriété entre nous et l'état quantique. Les vibrations concernées correspondent à celle de l'énergie primaire, c'est-à-dire de l'espace-temps d'Einstein.

À ce moment, je voudrais faire une remarque : la théorie quantique est une science qui se veut fondamentale et explicative, elle doit donc répondre à un formalisme déductif et déterminé, or c'est loin d'être le cas.

Remontons vers le début hypothétique de notre histoire.

Tant que nous sommes au niveau des planètes, amas, nous pouvons maintenir que la masse constituée incurve l'espace-temps et attire tout ce qui se trouve aux environs.

Les premiers problèmes vont commencer quand nous nous approchons de la fusion de toutes les planètes. Même s'il en reste cent en quelques millions de kilomètres, que représente la courbure espace-temps, puisqu'il n'y a plus rien autour et rien à l'intérieur à cause de la fournaise. À quel moment est-on éloigné de l'état quantique ?

Tout l'Univers est concentré dans une boule que les uns nomment atome premier, d'autres une coquille de noix, enfin nous n'en savons rien, pensons surtout que l'Univers s'est ratatiné, selon l'expression d'Einstein. Dans ce curieux espace-temps animé de milliards de degrés et de tonnes, où l'énergie ne semble plus qu'une synthèse aléatoire dans un lieu où il n'y a rien autour parce que l'Univers n'existe plus, les rapports sont ceux des chocs et contre-chocs.

Le premier moment est celui de l'impossible maintien de l'état atteint.

Les dilatations vont entraîner des vibrations et l'expansion.

À ces moments-là précisément, les états sont intriqués. Plus nous remontons, plus nous passons de cent, puis dix, puis un élément s'il a pu exister. C'est précisément celui-ci que les scientifiques cherchent. Des réalités intriquées dans le sens d'associées et contraintes. Quelles propriétés peuvent unir la boule première si ce n'est la mémoire de son information unique, première ? (Champ premier sans différences, à unique propriété ?)

Ce qui nous étonne encore, c'est que des spins opposés gardent, plus de treize milliards d'années-lumière après, leurs propriétés.

Si nous en inversons une, l'autre, même à l'autre bout de l'Univers, s'inverse. La détermination des propriétés prime sur la durée de la communication au-delà de la vitesse de la lumière. À ce moment de qualification des caractéristiques, il n'y a pas de contingence des photons. Il n'y a pas de lumière. Dans le sens de la compression qui se voudrait vers l'absolu, mais celui-ci n'existe pas puisqu'il provoque la redistribution, et dans les premiers moments de celle-ci, comment peut-on définir des états, des qualificatifs ?

Comment les niveaux ne seraient-ils pas superposés au point de se confondre et de redonner, dans l'extension, leurs propriétés spécifiques en plus de celle de la dernière strate ? Quand vous avez des mélanges en biologie ou dans l'industrie avec des centrifugeuses réglées aux bonnes vitesses, vous pouvez isoler et séparer les composants. Les niveaux se restituent les uns les autres. Dans ces derniers, tout est indifférencié et les quanta vont se construire. Il n'y a même pas de spin droit ou gauche, il y a une particule mère qui va les produire. En cette époque où tout est compressé dans un lieu indéfini sans temps et sans espace, ces deux notions, même liées, n'ont aucune signification. Bien plus, si nous regardons l'effet de la masse obtenue, cette dernière pousse dans tous les sens.

En conséquence, ce qui va s'exprimer comme temporalité est fragmenté. Quelle temporalité pourrait sortir de la rencontre des trous blancs et des trous noirs ?

L'effet de l'espace et du temps n'a plus le même sens que celui d'Einstein.

Quand Einstein parle d'énergie, d'espace et de temps, il parle de champs repérés, efficients.

N'oublions pas que l'expansion se produit dans des ouragans de vibrations.

Nous savons que cette époque était noire.

Les strates de la matière se sont différenciées en créant diverses particules et en les laissant s'associer. Ce sont ces dernières qui ont rendu l'Univers transparent.

Nous voyons qu'au début, nous ignorions nombre de paramètres et nous ignorions les premières propriétés. La courbe decrescendo des températures a produit les différentes particules et spécifications de ces dernières. Les différentes énergies se produisent par l'évolution de l'expansion, c'est-à-dire du temps, de la variation et de la différenciation.

MAURIAN

Nous voyons que logiquement, les phénomènes surgissent historiquement les uns à la suite des autres. La seule chose qui a changé, c'est le gigantisme des vibrations et l'expression du temps.

Face à ce tumulte historique, il nous appartient de remettre un ordre qui nous permettra de comprendre.

Nous voyons des phénomènes : comment se sont-ils produits, quelles sont leurs causes, pouvons-nous les reproduire, les simuler, les comprendre ?

Plusieurs fois, nous avons parlé de changements de conceptions sur l'espace-temps. R. Penrose, Lee Smolin ont parlé des matrices. Ces dernières sont des représentations des dimensions et par là même, leurs propres auteurs évitent de les schématiser : allez représenter huit, dix, trente dimensions...

Souvenons-nous des formes d'espace et d'énergie avec les calculs de Calabi-Yau. Qu'importent les formes, c'était le nombre de trous dans lesquels l'énergie se distribuait qui créait les classes, les variétés de formes.

La théorie des cordes à boucles avait imaginé des lignes horizontales et verticales avec à chaque croisement des boucles, qui représentaient des dimensions supplémentaires.

Avec Lee Smolin, imaginons dix lignes horizontales et dix lignes verticales dessinées sur une feuille plane. Mettons sur le côté gauche en début de lignes, puis descendantes : A, B, C, D, E, F, G, H, I, J et de l'autre : 1, 2, 3, 4, 5, 6, 7, 8, 9, 10.

Nous obtenons un espace quadrillé de petits espaces, ou un treillis de points, et nous pouvons en référence situer un mobile où qu'il se trouve. Nous constatons dans les différentes situations que A est dans un espace éloigné de 6. Cependant, si nous lions A et 10, si nous les joignons avec une ligne, nous constatons qu'ils sont reliés et donc que même lointains, cette liaison prime sur l'espace. Ces deux points deviennent dépendants, liés et intriqués.

Si à un moment quelconque, donc au temps primaire d'expansion, des liaisons semblables se sont nouées, les spécificités de ces relations, de ces points, de ces particules, sont à jamais déterminées quel que soit l'espace qui les sépare. Comme dit Lee Smolin à la suite de Leibniz, les relations, les liaisons priment sur les états et l'espace.

Nous avons dit qu'au début, la boule de feu s'étend en tous sens, essayons de l'imaginer, puis au bout d'un certain temps, où qu'en soit l'expansion, joignons deux points puis trois, quatre ou plus entre eux et laissons l'expansion continuer.

Considérons notre époque actuelle avec cette époque passée.

Les liens entre les points ou les particules sont scellés et continuent d'exister à jamais malgré nos expériences et nos questions. Nous sommes loin de la conception idyllique d'une expansion homogène et bien rangée.

Des quanta n'ont-ils pas pu se créer et des liaisons se nouer dans le cône de temporalité ?

La théorie de la relativité a beau jeu de dire que chaque particule a un point, un espace, un temps et un seul, et ne peut être superposée dans un ensemble, pourtant qu'est une boule de pâte avant de se fragmenter ? En combien de particules ?

Ces deux raisonnements qui se veulent fondamentaux sont en effets parcellaires. La théorie quantique considère les systèmes, états-masses et la superposition des quanta, la théorie de la relativité considère la masse globale mais alloue un temps et un espace à cette dernière sans considérer si elle peut se diviser en mille, ce qui entraînerait la considération de multiples espaces et temps. La théorie quantique considère la superposition des particules, donc une masse composée, la relativité considère l'effet géométrique de la masse. Il y a indétermination et superposition des particules pour la théorie quantique. La différence entre les deux ne serait-elle qu'un effet de loupe ?

Partant d'une pâte, d'une masse divisible, on ne peut pas dire en combien de parties et de temps elle va se diviser, pourtant chacune possédera un lieu et un temps. Toute existence repousse une masse, aussi infime soit-elle. Quelle différence existe-t-il entre les deux masses ? Une division, fragmentation du temps.

Ainsi, nous relativisons la généralité quantique en notant que la théorie quantique parle du général en considérant un niveau qui est plus loin que le milliardième de milliardième de millimètre.

À ce niveau infime, nous parlons en général du particulier, alors que la théorie quantique en fait un général indéterminé comme niveau fondamental, comme si elle avait atteint ce niveau fondamental, ce qu'elle prétend et vise, alors que la théorie de la relativité parle de chaque masse, propriétaire de temps et d'espace, en généralisant l'effet énergétique et géométrique.

Mais les deux théories se rejoignent dans la mesure où si tous les points ont un temps et un espace équivalents et qu'ils deviennent tous référentiels les uns des autres, il n'y a plus une vérité, mais des vérités et des réalités relationnelles et relatives.

Alors qu'Einstein considère un alignement de points sur une courbe, la théorie quantique casse ces agencements et noue des relations non linéaires.

Nous avons des liaisons croisées qui constituent un schéma espace-temps plus complexe.

Nous échappons aussi aux ondes et branches de vie toutes parallèles. Nous pouvons imaginer tous les états que l'on veut : je vis une vie alors que mon double a eu un accident, un chat vivant ou mort, sont des systèmes complémentaires exclus et supposables. L'objet considéré, l'instrument, l'observateur sont des objets corrélés. Ils sont dans un même ensemble, des ensembles connectés.

AUDREY

Nous voyons donc que la réalité provient de savoir poser les questions, construire son expérience et son investigation. Il s'agit de faire surgir l'information et, dans celle-ci, de dissocier l'espace-temps qui la produit. Je prends conscience de plusieurs sens. Une chose change, une particule s'associe et se « désassocie », une communication est échangée, un mobile va d'un point A vers B, tout ceci est de référence espace-temps.

MAURIAN

Nous avons l'expression du temps et de l'espace de la dépendance des ondes et particules, c'est-à-dire d'une notion de système. Je pense à Kant, dont je résumerais la pensée en disant : le tout exprime les parties qui le reflètent en le dépassant.

La cellule provient d'un échelon inférieur et va en créer un supérieur. Ce sont des dépendances par étapes de conséquences, dépendantes et connectées.

AUDREY

Ça rappelle ce que nous sommes.

MAURIAN

Mais quand nous parlons de mouvements aléatoires, de mouvements browniens, automatiquement, nous pensons aux probabilités et donc à la théorie quantique. Nous ne pensons pas à une hiérarchisation structurée.

Quand nous traçons une ligne pour qu'elle soit ligne et conçue comme telle, il faut que nous la projetions et concevions comme un ensemble particulier. Cet alignement devient la référence de mon raisonnement.

Un système est un ensemble d'interrelations qui se structurent en différentes complétudes et fonctions.

Du reste, le monde du Vivant nous offre tous les exemples de tous les états en les panachant : structurés avec des carapaces, mous, fluides, souples... (os, cœur, sang, peau, salive...).

Je reprends une citation d'Éric Karsenti : « Une pierre a une forme fixe même si, à l'échelle des atomes qui la composent, ses électrons bougent à grande vitesse. »

Mais il en va de même pour les pieds de la table, les yeux, les mains, les os, les pieds humains, le cœur, le volant de la voiture.

L'agitation crée l'énergie, fait volume et occupation d'espace, mais reste-t-elle confinée dans une forme donnée ?

AUDREY

C'est le rapport des différentes forces.

MAURIAN

La fonction crée la forme, non le geste dans l'espace.

La célèbre formule d'Einstein montre que l'agitation des éléments, des quanta, de l'énergie, crée la masse, dont la forme qui demeure dans son état.

Audrey : Nous arrivons peu à peu à une curieuse conception des formes, des structures, donc du temps et de l'espace.

Ne dure que ce qui est tributaire d'une énergie et donc du changement. Sans énergie, point d'existence, de temps et de lieu.

Dans l'agitation, où est le sens du temps ?

Dans l'agitation, où est la spécification des formes ?

Après le niveau quantique, la structuration de l'énergie, des systèmes, se déroule dans le sens de l'expansion.

MAURIAN

C'est pour cela que les scientifiques parlent de l'irréversibilité du temps. Ce qui se déroule est là, on ne peut pas revenir sur le passé, dans l'agitation se crée un sens de disposition, d'orientation et de variation, donc l'espace et le temps, un sens de la structuration, c'est une variation de disposition typique.

AUDREY

Le sens de l'entropie se développe aussi, c'est une restructuration ?

MAURIAN

Il n'y a rien qui va à rebours dans l'Univers, le sens est celui de l'expansion générale.

L'entropie serait un retour à la redistribution.

AUDREY

Quand nous continuons à diviser la réalité, la notion du temps et la durée n'ont plus de sens, mais à quoi arrive-t-on ? (Léonard Susskind avait mathématisé la division de la réalité à Stanford, jusqu'à cinq cents zéros après la virgule.) Nous arrivons à une pulvérisation de quanta, à l'infime. Nous retrouverons partout la même composition. Quelle signification accorder ici ?

À quoi sert de désagencer et de réagencer ?

MAURIAN

À ce stade, nous pouvons penser à trois ou quatre choses. Ou nous n'arrivons plus à rien, nous trouvons et retrouvons toujours la même chose qui se reprend en se servant d'éléments co-présents, et la question d'avant ou d'après n'a pas de sens. Ou bien nous arrivons enfin au Graal, et nous butons sur quelque chose d'insécable constitutif premier, voire sur ce que nous pourrions appeler « essence ». Quelque chose de fluide, sans « masse pesante » et sans consistance, transparente, mais qui est bien là, ou nous arrivons à l'image du quark, à quelque chose qui s'expanse en s'épuisant et se regroupe en se reconstituant.

Se pose la question de la nature de l'existence : toute existence exprime un volume, une densité, comme lorsqu'on jette un caillou dans l'eau et crée des ondes. Son volume existentiel, comme énergie propre, marquerait son empreinte en repoussant de ses bords l'espace et le temps, l'énergie qui l'entoure.

Nous sommes à la limite de la science qui nous parle de particules fictives sans densité.

Il y aurait donc des équations possibles sur des existences fictives (fictives au sens scientifique du terme).

Toute chose étant un agencement d'informations au sens large, toute chose peut être inscrite dans une équation, construite et déconstruite à tout niveau. C'est là que Gödel, ami d'Einstein, disait que bientôt, les mathématiques délivreraient des équations que l'on ne pourra pas vérifier à partir d'un certain niveau.

Pourtant, nous pourrons nous interroger sur leur formalisme et leur déduction.

AUDREY

Que veut dire exister si nous commençons à concevoir des structurations sans densité ?

MAURIAN

Que veut dire existence réelle et formalisme déductif quand nous parlons d'équations ?

Je sais bien que des personnes vont s'insurger, mais ce sont nos scientifiques qui ont créé des particules fictives qui ne sont pas fictions, mais bien réelles. Elles n'ont pas de densité et vont la gagner en fonction d'un temps d'exposition au champ de Higgs, ce sont nos scientifiques qui parlent d'existences sans masse, mais qui interfèrent entre elles !

Elles se comportent comme leurs semblables, mais sont à l'étage précédent, comme nombre de vibrations indéterminées. C'est le niveau quantique.

Elles se comportent comme des éléments préexistants.

AUDREY

De toute façon, elles informent par leur existence. L'existence révèle la présence de vibrations. À ce moment-là, il faut se poser la question : qu'est-ce que l'information ? Cette dernière exprime le changement incessant des combinaisons quantiques des réalités. Informations d'un côté et nombre de vibrations, de différences dans la plus petite surface de l'autre.

MAURIAN

Tout dépend aussi de l'intensité des moyens que la technique met à notre disposition. Pensons aux différentes puissances du LHC, collisionneur de particules européen.

Quelle que soit l'information finale, elle est déchiquetée, lacunaire, elle est toujours transitoire.

Nous cherchons une vérité comme s'il y en avait une et que nous en étions sûrs, mais en vérité, nous ne sommes sûrs de rien.

Il n'y a donc pas de fond, la vérité profonde est fragmentation, variations de combinaisons.

Que disons-nous quand la matière rencontre l'antimatière ? Elles se détruisent et se pulvérisent, se transforment en autre matière, énergie.

Au lieu de chercher une barrière introuvable, il convient de s'interroger sur les principes de fonctionnement des systèmes de notre Univers.

AUDREY

Attends, tu dis plusieurs choses qui me dérangent. Je remarque que tu parles d'énergie fondamentale, donc de l'information sans consistance dans la plus petite unité de surface qui n'aurait pas encore gagné ou aurait perdu sa densité ?

MAURIAN

Qu'est d'autre la plus petite information que la première vibration ou la dernière ?

AUDREY

Qu'est-ce que l'information résiduelle dans la mort, dans la déstructuration et la perte de notre état et densité ou d'associations ? Tu dis qu'il n'y a que de l'énergie tourbillonnante et changeante, donc par extension, l'Univers s'achemine vers une fin thermique, en reprenant la thèse de Boltzmann. Pour le moment, le cœur des étoiles, des galaxies, des trous noirs, des nuages stellaires qui se compriment est brûlant et fournit de la chaleur. Penses-tu que tout cela puisse cesser, qu'il n'y aura plus d'énergie, de chaleur ?

MAURIAN

Tu as remarqué que le terme énergie recouvre celui de chaleur, espace-temps, masse, impulsion. Un univers glacial, éteint, à jamais figé, peut laisser circonspect quand Einstein lie la masse à l'énergie et cette dernière à l'inertie.

Ce serait trouver un univers sans masse. Il faut poursuivre les principes qui nous dirigent. Si toute transformation produit quelque chose, il y a toujours une masse, si petite soit-elle.

AUDREY

Oui, mais tu reposes la question de l'origine sous une autre forme, si tu penses qu'il y a toujours une masse, donc de l'énergie ou des vibrations. Nous voyons qu'à chaque fois que nous posons la question de l'origine, elle nous échappe sous d'autres termes et se détruit elle-même.

MAURIAN

Tout cela revient à dire que nous la posons mal, que nous ne savons pas la poser ou qu'elle ne se pose tout simplement pas. Même si ça ne satisfait pas l'orgueil de l'humain.

Mais je ferai une observation. Considérons le grand pendule à Paris, il est immobile. La théorie quantique nous dit qu'en fait, ce n'est jamais le cas, il est toujours animé de petites vibrations indétectables sous sa constitution apparente. Nous ne les voyons pas, mais elles sont là.

Audrey

Nous découvrons que la réalité se situe au-delà du concevable humain, dans un milieu très lointain, non immédiatement accessible.

La théorie quantique a au moins fragilisé la frontière du réel intuitif. Si nous dressons le tableau, nous sommes au niveau de minuscules vibrations, des énergies qui s'étendent comme des quarks autant qu'ils puissent s'éloigner et nous en ignorons la limite. Nous supposons une réalité à cinq cents zéros après la virgule, qu'espérons-nous ?

Je te rappelle que nous sommes à quelques dixièmes au-dessus de zéro pour la température cosmique.

Pour Einstein, nous ne pouvons atteindre le zéro.

Maurian

La réalité n'est-elle qu'une question d'échelle ?

Les états vibratoires premiers ne disparaissent jamais, ils constituent les informations de base. Le plus petit espace, la plus petite énergie.

Audrey

Au temps du sans espace-temps dynamique.

L'espace, l'énergie vibrent par leur situation de compression. Tu parles d'une information ! Ne resterait-il plus que cela ?

Pire, en base, ne serions-nous que cela ? Une gélatine parcourue de vibrations qui la solidifient ?

MAURIAN

Extension puis refroidissement de l'énergie créant le temps puis l'espace.

À ce moment-là, tu conçois une onde qui s'étend comme un ballon qui se gonfle et à l'intérieur, des vibrations d'énergie qui, par gravitation, s'étendent et forment le cosmos.

Retournons à nos conceptions de la vie.

IV - Théorie des systèmes

1) Horloge fondamentale, systèmes alternants

MAURIAN

La gestion des éléments fait appel aux notions d'action-réaction, de concentration et d'épuisement, donc de temps et d'espace. Pour le moment, la vie est régie par des cycles réglés par des horloges cellulaires (rythmes du cerveau, du sommeil, des substances, cycles sexuels).

Ce que les spécialistes appellent mitose est la division d'une cellule mère en deux cellules dites filles. Cette division est à la base du cycle cellulaire. Encore une fois, nous retrouvons la concentration alternante de protéines que nous avons déjà rencontrée, concentration de kinase et de cycline et leur dégradation. Quand l'une est au plus bas, l'autre est au plus haut et l'alternance se produit.

Nous avons affaire à un cycle : accumulations et dégradations. Cet effet de balancier entre la cycline et la kinase, deux protéines, déclenche la mitose ou l'arrête. Il s'agit de la mise en place de deux boucles de rétroactions positives et négatives qui permettent la duplication de l'ADN ou non.

AUDREY

Il s'agit du fonctionnement de l'horloge fondamentale de la division cellulaire qui, alternativement à l'aide de deux protéines, crée et recrée dans le temps sans annuler ses produits précédents.

Cette transformation d'énergie constitue de nouvelles cellules en recherchant sa nourriture.

Ce fonctionnement automatique laisse rêveur. Si nous pouvions le faire redémarrer et le diriger à notre gré, ce serait peut-être très bien pour guérir et prolonger la vie, refaire des ensembles de cellules. Quel âge en définitive aurions-nous ?

MAURIAN

C'est pour cela que de célèbres chercheurs, généticiens, et surtout les professeurs prix Nobel Shinya Yamanaka et John Gurdon, ont axé leurs recherches sur les programmations des cellules souches.

Le rêve, c'est d'avoir trois cents ans avec des cellules neuves. Comment notre cerveau ferait-il le tri de toute cette informatique foisonnante ?

AUDREY

Dans ce cas, à quel niveau situes-tu le début du vieillissement ? Il y a donc matière à réflexion.

En quoi une simple informatique programmerait-elle la mort des milliards d'atomes du système de la vie humaine ?

J'ai bien suivi nos échanges et nous disons que, par complémentarité, tous les systèmes se complexifient et qu'à la longue, ils s'organisent par leurs ramifications.

Ils s'organisent par réaction aux éléments dans l'entre-deux. Ils prendraient les plus adéquats et éjecteraient les autres. Les renouvellements forment à leur tour des systèmes et complémentarités dans chaque étape et réagissent avec le milieu et leurs semblables. Ces milliards de connexions échafaudent un milieu dépendant auto-organisé. Toute connexion est source de chaînage. Quelle ramification est responsable de la mort ?

Trois principes ressortent : complexité due aux adaptations, complémentarité et auto-organisation causées par le nombre. De là découlent la fonctionnalité, la spécification, l'équilibre des formes et des structures.

Où la mort se glisse-t-elle ?

MAURIAN

Les échanges nécessaires au niveau des atomes, gènes, protéines, des cellules, des organes marquent la reconduction des principes, influencent la personne strate par strate.

Ils sont efficients parce que leurs fonctions construisent l'être final que je représente avec ses réussites et ses déviances.

Quand nous montons dans les niveaux de la complexification, toute erreur de copie peut entraîner des maladies graves reprises et multipliées.

Les redondances permettent la progression et les erreurs.

AUDREY

Ce n'est pas parce que l'on associe des Lego dans un ordre convenable que nous recoupons ce que produisent la nature, le Vivant et l'Univers.

MAURIAN

En fait, le problème est bien là, il faut sans cesse comparer ce que nous reconstruisons comme notre logique avec celle réelle du Vivant ou de l'Univers.

Nous avons rarement la prétention de faire aussi bien.

AUDREY

Est-ce que la complexité est synonyme de liberté, ou du passage de la nécessité à la contingence ?

Comment concilier l'organisation des systèmes, les minéraux, la dépendance des protéines, des bactéries, des cellules, la réparation et la conservation globale de l'Univers (dans lequel je vis et dont je fais partie comme ensemble de simples éléments) ?

MAURIAN

Il me semble que complexité joue avec fragilité, mais aussi dans le sens d'une liberté et de variations accrues.

AUDREY

Liberté avec possibilité, non-déterminisme absolu, expression de talents et de choix, c'est-à-dire variété.

Cependant, au niveau des protéines, des cellules, molécules, il y a peu de place pour la fantaisie. Soit ça fonctionne, soit le mauvais produit est éliminé.

MAURIAN

C'est effectivement une question à se poser. À partir de quand un système n'est-il plus capable d'assurer ses échanges par malformation, erreurs ou accumulations de mauvais métabolismes ?

J'ai l'impression que ma liberté est due à l'éloignement des centres de décision ou à une fragilité de relations multiples.

AUDREY

Je vois des gens commencer à penser : « Mais nous ne sommes pas des cellules ou des bactéries. »

Il y a autant de distance entre les possibles adaptations des bactéries aux environnements qu'entre nous et l'Univers.

MAURIAN

Je voudrais te rappeler que tous les échanges vitaux sont issus de l'Univers et que la prolifération des bactéries, virus, protéines, qui d'un côté nous produisent, a déjà eu son évolution et continue à progresser indépendamment de nous.

La diversité dont on est fier d'un côté joue aussi contre nous de l'autre.

Te rends-tu compte que si dans notre société, nous écartions tout ce qui ne remplit pas immédiatement son rôle, nous générerions de sacrés conflits ?

C'est ce que fait l'organisme jusqu'à un certain type d'enregistrement et de hiérarchisation.

Y a-t-il, pour notre société, un exemple à suivre ou à éviter dans cette remise en ordre salutaire de l'organisme, qui impose son fonctionnement ou s'élimine ? Nous voulons qu'il perdure, mais sans avoir de contraintes. Ça ne fonctionne pas comme cela. À partir d'un certain stade de prolifération, pouvons-nous tolérer des déviances ?

Il y a remise en ordre et réorganisation profonde inconsciente de l'organisme, et consciente dans nos choix de vie en cas de maladie grave. Adaptation ne veut pas dire plasticité totale et vice versa. Il faut considérer la fonctionnalité et la reproduction, l'entente, l'équilibre des systèmes. Le grand défi pour l'humain, c'est qu'il n'est jamais définitivement achevé.

Tout dépend aussi de l'équilibre énergétique obtenu dans l'échelle des réactivités, de la richesse des enregistrements, de la capacité à répondre biologiquement.

La nature se pare de toutes les formes face aux réactions chimiques, coques de certains virus, carapaces de certaines bactéries, cellules ou organismes, transformations multiples... Peut-on penser que nous sommes le bout de l'évolution ?

Nous avons beaucoup parlé de systèmes qui s'auto-organisent, d'équilibres énergétiques ; est-ce à dire que nous pouvons tout prédire, puisque, dès que deux combinaisons s'amorcent, nous pouvons prévoir ce qui peut s'associer ?

Du point de vue thermodynamique, il suffit de savoir ce qui manque à un système pour évoluer ou régresser en fonction des températures, conditions électriques et magnétiques, nucléaires fortes ou faibles, pour connaître ce qui peut s'y chaîner ou non.

Il en va aussi différemment pour notre regard au début de l'Univers. Nous nous trouvons face au vide, avec notre ignorance, et là, il nous faut retrouver ce qui a eu lieu.

AUDREY

À mon humble avis, je pense qu'il faut étudier la manière dont les combinaisons se produisent. Les systèmes émanent les uns des autres ou s'unissent pour se compléter, pour en comprendre la genèse et les transformations. Nous savons que le nombre de systèmes ou d'éléments crée les connexions et l'organisation. La complexification n'est pas synonyme de chaos, mais de hiérarchisation. Les éléments d'une masse ou d'une soupe la transforment.

Maurian

Les vibrations de la dernière et première bulle d'espace, l'énergie, la puissance d'expansion et les premières boucles d'interactions positives et négatives influent sur les systèmes.

Le moment le plus singulier est celui du renversement ou du non-équilibre du système. Il ne faut pas qu'un élément prenne définitivement le pas sur l'autre.

Éric Karsenti (*Aux sources de la vie*) prend l'exemple d'un champ, dans lequel vivent des lapins et des renards. S'il n'y a que des lapins, il y a déséquilibre, si tous les renards mangent les lapins, aussi. Il faut donc une autorégulation entre les deux communautés. Nous voyons deux boucles rétroactives négatives : la diminution de l'une puis de l'autre. On constate une oscillation des deux populations.

Pendant que l'une diminue, l'autre augmente et vice versa.

Il faut comprendre que c'est ainsi que fonctionne l'ensemble de nos échanges et rythmes biologiques et peut-être l'ensemble de l'Univers.

D'autres appellent ces systèmes des systèmes alternants ou oscillants.

2) **Rencontres entre la biologie et la théorie quantique**

MAURIAN

Cité par Karsenti, Turing, qui fait ses études à Londres, s'intéresse aux mathématiques et aux codages informatiques. Il s'occupe de décrypter les codes secrets de la machine allemande Enigma pour l'envoi des messages durant la guerre de 1940. Ayant réussi le décodage, il s'éloigne et s'intéresse à la biologie et applique les mathématiques, les calculs de probabilités à cette dernière.

AUDREY

Je repense ici au tableau des doubles entrées des bases de l'ARN et de l'ADN.

MAURIAN

Turing se pose une question simple. Comment un œuf, qui est une structure simple, peut-il engendrer un nombre aussi grand de structures complexes, un animal vivant ?

Je te rappelle que nous nous posions la question : comment une bulle d'espace, d'énergie ou, comme disait Stephen Hawking, une énergie dans une coquille de noix, avait-elle pu créer un gonflement de plus de treize milliards d'années-lumière et d'aussi innombrables combinaisons faites et possibles à venir ?

Comment les symétries sont-elles brisées pour engendrer des systèmes aussi différents ?

Aux dires de Karsenti, au lieu de traiter le problème en biologiste, Turing remplace les cellules, les gènes par des points. Il opère sur des systèmes complexes conduisant à des structures qui s'organisent en réactions négatives ou positives, dont les réactions suppriment ou développent les produits.

Ses découvertes montrèrent que plusieurs gènes différents activent ou suppriment des développements, soit directement dans la création, soit indirectement au cours de futures séquences. Un gène peut demeurer en silence et agir dans une séquence différée.

Audrey

Il faut s'interroger sur les conditions qui permettent aux gènes de démarrer ou de mourir. En définitive, pourquoi cette forme et cette vie-là ?

Maurian

C'est la conséquence des boucles rétroactives, des oscillations, de la gestion des équilibres ou déséquilibres de molécules, d'enzymes, de la dissipation de protéines, de gènes dans la création de différentes fibres, tubes, bâtonnets, états et structures d'énergie, c'est-à-dire des imbrications des dynamismes des systèmes.

Les principes de la biologie, de la physiologie ne peuvent reposer que sur les lois physiques de l'Univers.

Il n'y a pas de lois nouvelles imposées par le Vivant.

Les gradients sphériques sont les conséquences de protéines qui conservent dans l'espace leur proximité, les formes d'expressions spatiales. (Formes de cavité, collerettes, sphères, flagelles.)

La théorie des systèmes auto-organisés de Turing et ses équations de réaction-diffusion (étalement tendant à l'équilibre dans l'espace) permettent de calculer les concentrations, les gradients ou les extensions, la durée de vie des agencements.

En fonction des intensités, nous pouvons prédire l'évolution de tous ces systèmes.

Nous assistons aux influences, regroupements, alignements, structurations des gènes, des protéines, des cellules en cercles, en sphères, en lignes, en courbes selon les apports des concentrations chimiques apportées ou retirées. Les lois mathématiques et géométriques les expriment en retraçant les dynamismes des systèmes dans l'espace et le temps.

À la base, ce sont les concentrations-dépolarisations qui impriment les gradients et le temps.

Si nous associons des milliers de points dessinés sur une page à des particules se mettant à tourner, certains se repoussent, d'autres s'attirent. Pour les diriger, il faut une nature chimique, biologique, physique. Les systèmes se forment, s'interpénètrent, se complètent, se détruisent, constituent des ensembles de plus en plus denses et dépendants ou entrent en concurrence.

La théorie quantique ne dit rien d'autre. Les systèmes ne font que suivre les relations causales profondes qui dirigent en étant l'expression du temps et de l'espace.

AUDREY

Il y a donc des relations plus profondes, que les structurations des systèmes trahissent.

MAURIAN

Les cellules, les protéines, les énergies se comportent comme tous les éléments selon les dimensions de l'espace et du temps. Ainsi, leurs interrelations dynamiques peuvent être prédites par les calculs mathématiques. Elles épousent les relations et comportements des sous-systèmes dans des relations différentielles d'inhomogénéité des milieux et tendent vers l'équilibre de leurs chaînages ou des organisations plus complexes. Que ce soient des échanges d'ADN complémentaires ou des protéines, tous respectent les causes fondamentales par strate.

AUDREY

D'où notre passage strate par strate. Ça me fait penser aux comportements des vecteurs dans les rotations et symétries de l'espace selon la conservation et la distribution de l'énergie. Y a-t-il un équilibre d'arrêt ?

MAURIAN

C'est ce que j'allais te rappeler : nous avons franchi sans le dire une limite de définition entre la science classique et quantique sans le préciser, heureusement, nous y arrivons dans le fil de nos argumentations.

Nous avons parlé d'irréversibilité dans et par ce qui arrive dans le temps. Ce qui a surgi comme association de quanta ne pourra plus prétendre à sa non-présentation dans le temps.

Pour la science classique, toutes données qui se veulent scientifiques doivent être réversibles, c'est-à-dire que si A donne B, B doit donner A.

La théorie quantique ne réclame pas une telle exigence.

De plus, nous arrivons à la notion de symétrie et au théorème d'Emmy Noether, qu'Einstein tenait en très haute estime.

C'est la loi de conservation de l'énergie par symétrie d'Emmy Noether, et la recherche de la géométrie et des équilibres dans les expressions de la nature de

Léonard de Vinci. La diversité et la pluralité des interactions entraînent des mises en systèmes et sous-systèmes, des complémentarités nécessaires dans lesquelles se dessinent des axes de distribution, voire de symétrie, ou de multiples équilibres de répartition dans l'espace.

C'est le théorème de récurrence de Zermelo, qui se basait sur le théorème d'Henri Poincaré et sur l'idée de l'éternel retour initiée par le philosophe Nietzsche.

Le théorème de Poincaré sur la loi de distribution disait que si nous considérons des molécules de gaz dans un volume, elles se répartiraient dans tout le volume disponible mais repasseraient dans leur distribution initiale au bout d'un certain temps. Exemple de Poincaré : si nous prenons 9 carrés, dont un est noirci, et que nous faisons la distribution, ce carré noirci repassera dans sa situation initiale.

Ceci va à l'encontre du théorème de Carnot sur la dynamique de la machine à vapeur : toutes les réserves chaudes ont tendance à se refroidir, excepté si elles peuvent gagner de la chaleur par échange ou si elles sont dans un système clos et fini (dynamique des corps noirs). La majorité des scientifiques supposent que l'Univers est clos sur lui-même d'une part et que toutes les configurations considérées repasseront par leurs conditions initiales. Tu as là la réponse à tes nombreuses questions. Ce qui existe maintenant existera à nouveau, mais dans combien de temps ? Personne ne peut dire quand les redistributions repasseront dans leurs conditions initiales. Si nous considérons la condition humaine, il se repose la même question pour le Vivant et les vivants comme configurations de combinaisons et leurs conditions initiales.

Pour les corps massiques, la réponse dans l'état actuel de nos connaissances est encore apportée par Einstein, qui relie la masse à l'énergie. Toute masse possède une énergie et pour que l'Univers disparaisse, il faudrait que cette dernière puisse disparaître, mais se poserait encore la question de l'origine et de l'existence, de la conservation de l'énergie. Mais d'un autre côté, notre existence, notre information occupent un volume, une masse ou s'inscrivent dans un élément, à nous d'en tirer les conclusions.

Les systèmes ont des grands principes qu'il faut connaître. Les systèmes vivants sont des ensembles de systèmes temporaires d'équilibres énergétiques, d'échanges le long d'axes d'énergie et dépendants de ceux-ci. Chaque cellule, protéine, tous les échanges, états, équilibres sont déterminés par des ensembles de boucles de rétroactions négatives et positives et leurs feed-back.

C'est le jeu des alternances, à défaut de la mort et de la vie, des axes d'énergie, des adaptations et équilibres temporaires.

C'est la structuration profonde de l'informatique humaine et de l'Univers, celle que recherche Lee Smolin sous le nom de causes fondamentales sous-jacentes.

C'est quand même curieux d'imaginer que toutes les accroches et harmonies naissent des vibrations du mouvement brownien...

AUDREY

Tu te rends compte : si au plus profond, notre Univers obéissait à une alternance d'énergies d'équilibres temporaires ?

Une énergie s'accumule pendant que l'autre s'étend ?

Comme la pierre, l'arbre, un état, un système, une forme dépendent de l'agitation des molécules et de la concentration des forces électromagnétiques, des alternances des forces.

Ainsi, beaucoup d'états superposés (vertèbres, nageoires, phalanges, cage thoracique, croissance des os, les yeux...) ne sont que des conséquences d'agencements et de multiples boucles rétroactives fonctionnelles.

Ces alternances créent différents modèles d'horloges, nos rythmes, les boucles d'actions proactions génèrent nos éléments constitutifs. Patiemment, en rythme. Je trouve cela fabuleux.

Pas de miracles, mais des milliards d'années d'agencements minutieux aux stades profonds et invisibles des organismes mono et pluricellulaires, des protéines, tout ce qui grouille ou s'équilibre dans ce que nous ne voyons pas.

À tous les niveaux, tous ces systèmes se tolèrent, se dégradent ou se remplacent. Tous créent leurs formes, leurs temps et leurs espaces, leurs fonctionnalités. Quelle puissance et quelle précision !

C'est la fonction, la marche de la vie et de la mort, la création des relations.

Que trouvons-nous ici ?

MAURIAN

La vie renferme les niveaux de complémentarité quantiques, puis atomiques, puis moléculaires, enfin les associations créant les chaînages qui vont créer les cellules, les organes, les groupes de fonctions. Tous utilisent les forces de base et les boucles de rétroactions positives et négatives, les gradients de distribution.

La fonction, l'activité, émerge des interactions. Tout le développement de l'embryon vient du fait que chaque niveau s'appuie sur la complétude des précédents.

Le vrai moteur de l'évolution provient des rétroactions, des feed-back et de l'auto-organisation des systèmes.

L'adaptation, l'efficience, la direction ne sont que l'auto-organisation et la complémentarité entre éléments, ensembles et sous-ensembles.

Dans nos milliards de systèmes figurent de merveilleuses horloges sous forme d'alternances, qui régulent, arrêtent, règlent nos échanges. La pluralité fait qu'elles peuvent s'arrêter trop tôt ou trop tard.

Plus la complexification s'étend, plus il y a d'erreurs possibles.

3) Perception du temps

MAURIAN

Prenons l'exemple de Carlo Rovelli (*L'Ordre du temps*, page 21). Entre deux amis, celui qui est en plaine vieillit moins vite que celui qui s'est installé en montagne.

L'expérience et la construction du temps sont variables.

La proximité ou l'éloignement de l'attraction terrestre nous conditionne.

Cela veut dire que le temps ne s'écoule pas, mais est proportionnel à l'espace situationnel. Le stockage ou le déstockage d'un groupe de cellules va aussi être ralenti ou accéléré.

Pourtant, il y a un temps ressenti selon notre conscience des événements.

AUDREY

La succession, le défilé de nos perceptions crée cette notion de temps et nous construit l'impression de défilé.

Quels rapports y a-t-il entre l'objet, l'espace et le temps, la perception qui organise ?

Tout ce qui affecte nos yeux, mais aussi notre cerveau, notre être, baigne dans ce qui s'appelle des situations et événements relatifs, qui construisent en nous ces notions, du moins ce qu'ils désignent.

Ce qu'ils désignent constitue nos circonstances.

Nous vivons dans un champ où s'exprime la gravitation.

Les gravitations de chaque planète dictent leur mesure pour la plume et la boule de pétanque.

MAURIAN

L'exemple de C. Rovelli sur les monnaies est très significatif. Dit-on que la valeur d'une monnaie par rapport au dollar est plus vraie que celle par rapport à l'euro, au yen ? Ça n'a pas de sens. Elles ont des valeurs relatives.

AUDREY

Je comprends qu'ainsi, il n'existe pas de temps en lui-même, mais des phénomènes relatifs, des suites ou des groupements que nous appelons espaces et temps. Nous ne voyons pas le temps ou l'espace en soi défiler.

Les assemblages de nos cellules subissent la gravitation, débouchent sur la relativité.

MAURIAN

Tu prends un point, tu traces une ligne, puis vingt, cinquante lignes qui passent par ce point, tu auras constitué une région, un système de proximité, de points de vue.

AUDREY

Quand deux satellites préparent un arrimage, les temps et distances deviennent relatifs aux deux.

Les objets prennent sens les uns par rapport aux autres en fonction de nos deux concepts.

Je comprends qu'il n'existe pas de temps et d'espace uniques, mais je ne vois pas de morceaux de temps et d'espace.

Ainsi, chaque événement a son temps, son espace. Il en va de même pour chaque partie de l'Univers.

Nous en arrivons à l'exemple de Proxima du Centaure. Toutes les correspondances mettront quatre ans à voyager entre l'étoile et moi. Dire qu'il y a un maintenant entre Proxima et moi n'a pas de sens. Nous ne pouvons parler que sur un décalé de quatre ans.

C. Rovelli nous dit : « L'idée qu'il existe un maintenant partout dans l'Univers est une illusion »

(*L'Ordre du temps*, page 59). Chaque cerveau ou groupement sert de référentiel.

MAURIAN

C. Rovelli prend un autre exemple, celui de la généalogie. Dans une famille, nous disons, par exemple, que le père est né en 1913, la mère en juillet 1917, avec une sœur née en 1925. Elle a eu deux enfants, l'un né en 1943, l'autre en 1952. Nous parlons par dates, repères, pour localiser les êtres avant ou après.

Nous les situons les uns en fonction des autres ou par rapport à des faits marquants. Celui-ci est né avant la guerre de 1914, suivant des événements, l'exposition universelle de Paris, le 11 septembre, en mettant avant, après... « Par rapport à ». Même des faits associés doivent être référencés. Le sens est donné par rapport à une collection de faits, donc un cône d'événements.

Les filiations créent des ordres partiels, la mère, le père, les frères et sœurs, mais dès que nous voulons avoir une situation d'ensemble, nous devons ordonner à l'aide d'« avant » et d'« après » et « relativement à »... Mais quels sens possèdent ces derniers termes dans l'histoire de l'Univers ? C'est exactement le même cas lorsque nous traçons des points sur des lignes. Quels sens ont-ils dans l'Univers ?

AUDREY

Notre vie devient l'organisation d'une suite d'événements, suite de dispositions, de relations. La place dans cette suite donne le sens.

MAURIAN

Quand nous parlons, nous trions les événements en groupes historiques signifiants, ainsi nous délimitons un cône d'événements. Le sens est construit.

Trouver un sens, c'est agencer les Lego des événements, révéler les liens et dépendances, reconstruire leurs histoires, les situer.

Audrey : Je perçois un passé et un futur de chaque chose, mais je ne vois le présent que comme un point vite effacé et disparu.

MAURIAN

Il est extrêmement furtif, comme des prises de conscience évanescentes ; c'est la mise en relation perception-phénomène : il n'a pas d'épaisseur, de densité.

Il a existé. Il est devenu. Ce sont des clichés de moments d'énergie temporaires.

Le temps est construit par notre conscience, pour chaque fait il y a bon nombre de passés et de futurs ; le présent est la limite entre les deux.

Il est midi actuellement à Paris, non à New York, Bombay et Pékin. La Terre a été divisée en fuseaux horaires et l'heure harmonisée. Marque un point de ton présent. Que représente un point dans l'espace ? Comment vas-tu le définir maintenant ? En le rapprochant de quoi ?

Le temps n'est pas égal, uniforme.

Pour Aristote, le temps est la mesure de ce qui change.

A contrario, pour Newton, il y a deux temps : celui banal, sensible, et le vrai, universel, mathématique, divin. Si nous enlevons tous les objets, il reste encore.

Pour le philosophe Leibniz, le temps absolu de Newton est une hérésie et n'est issu que d'un ordre, d'une relation entre les objets.

L'espace-temps d'Einstein est réel et s'apparente aux champs, comme une gigantesque toile, et constitue les objets et ce qui les sépare. Il est dynamique, non absolu et prend toutes les formes.

Tout l'espace-temps est un champ gravitationnel qui se modifie, une énergie qui entre en réaction avec toutes les autres.

Audrey

Mais dis-moi, ce champ prend-il son origine avec l'Univers ?

Maurian

Il prend même son sens là, avec lui, il est l'Univers. Il prend aussi la définition de l'énergie, mais, comme nous l'avons vu, il n'y a pas de panneau indicateur : « là est né l'Univers et là tout s'est regroupé ».

Même si l'Univers est déjà devenu froid, la gravitation l'a entraîné à s'effondrer et la concentration a peu à peu ranimé la compression, la densité, donc la chaleur.

À ce moment-là, je précise que l'Univers n'a eu besoin de personne d'autre que de lui-même, ce qui justifie l'appel à la métaphore d'Edgard Gunzig : le géant qui tire sur ses propres bottes pour se dégager de la boue.

Là, il n'y a pas de boue, mais rien, et l'Univers qui se condense se détruit et s'auto-crée avec ses dépendances et principes relatifs.

L'Univers n'a eu besoin que d'un rapport de densité, puis de chaleur, de pression. Nous ne pouvons même pas dire si sa taille s'est réduite à une coquille de noix, à un trou noir. Nous le supposons.

La seule chose dont nous sommes sûrs, c'est qu'il a recyclé sa matière de telle façon que l'extension qui en découle produit en refroidissant des énergies que nous ne pouvons même pas juger comme identiques ou différentes par rapport aux nôtres.

AUDREY

La seule chose que nous pouvons dire, c'est que les mêmes causes produisent les mêmes effets, une considération générale que la théorie quantique conteste dans le particulier.

MAURIAN

Il est difficile d'arriver à ces énergies, même sous forme de calculs et d'extrapolations.

Que représente une température d'un million ou de plusieurs milliards de degrés ?

Qui peut concevoir si l'état d'énergie a cette norme et même si la norme existe encore ?

Ce que nous pouvons dire, c'est que toute notre énergie vient de ce début, puis de son refroidissement.

AUDREY

Si je comprends, tu notes que nous provenons d'une alternance renouvelée.

MAURIAN

Oui, ainsi, pas de temps ni d'espace zéro, tout ce qui va arriver est masqué par une masse d'informations qui possède déjà une énergie gigantesque.

Quand l'Univers se comprime, c'est l'espace-temps, l'énergie, ce que l'on cherche à déterminer, qui se comprime.

AUDREY

Ce n'est plus une origine, mais un recyclage.

MAURIAN

Sans repères. L'espace-temps comme critère de repères le devient par ces non-conditions et par le rapport vitesse, dépenses d'énergie et par conséquent distance parcourue. C'est nous qui les nommons à partir du Chaos. Ils n'expriment rien d'autre que des particules qui se rejettent et se détruisent.

AUDREY

Que pouvons-nous mathématiser de ces chocs et contre-chocs ?

MAURIAN

Il n'y a pas de lumière dans cet Univers opaque, celui où les atomes ne se sont pas encore dissociés ni pleinement créés pour faire la place aux photons, mais il y a émission de chaleur et de rayonnements, présence de masses qui font fluctuer les activités et donc qui plus tard pourront être enregistrées.

AUDREY

Alors, nous ne pouvons rien en penser ?

MAURIAN

Si ! Enregistrer les différentes fluctuations, rayonnements primaires, composer une carte des densités, chaleurs et vibrations des zones, répertorier les manières dont elles surgissent.

C'est pour cela que je disais que le pari d'Einstein est celui de l'énergie et de la masse.

AUDREY

La première présence est une masse et/ou une énergie. Mais dis-moi, qu'est-ce qu'une existence de particules sans masse, qui ne sont pas passées dans ce fameux champ de Higgs ?

MAURIAN

La science nomme des particules comme étant fictives. Accélère au maximum de la vitesse de la lumière, tu reviens à la création des premières particules, car tu as besoin de la masse maximum originelle.

Si l'Univers continue sa course, la gravitation va conduire les astres à ne plus avoir d'attraction entre eux, à décrocher de leur orbite et à revenir à un regroupement d'origine.

Ainsi, l'Univers n'a pas besoin d'un Dieu créateur, puisque même lui aurait été tributaire de la répartition des masses, de la gravitation et de l'énergie.

AUDREY

Dans ces circonstances, Dieu n'était pas libre.

MAURIAN

Pour ne pas choquer des croyants, disons qu'il se donne des cadres de fonctionnement.

La science te dit qu'au début, dans l'Univers opaque, règne une fournaise énorme dans laquelle aucune association n'est stable, mais elle représente une masse considérable.

AUDREY

Nous en cherchons la composition en créant des plasmas dans des électroaimants gigantesques (Iter) ou en multipliant les lasers sur une cible, notamment dans le Laser Mégajoule de Bordeaux.

MAURIAN

L'énergie est l'exemple même de ce qui s'organise en refroidissant.

AUDREY

Ce refroidissement est l'histoire de la généalogie de tous nos éléments.

MAURIAN

L'histoire des phases, des vibrations, va engendrer les strates des éléments.

Ce qui trouble les gens, c'est que chaque strate a son histoire et dicte ses conditions d'associations.

AUDREY

L'explication pour l'Univers nous semble acquise, même s'il nous reste des inconnues sur le temps des explications causales, les rétroactivités, tous les possibles futurs.

MAURIAN

Nous accordons du crédit à la définition de Mach, l'énergie, c'est ce qui ne se démontre pas, ne se crée pas et ne disparaît pas, où tout est transformation. Cette définition a été reprise par Lavoisier : « Rien ne se crée, rien ne disparaît, tout se transforme. » « L'Univers ne peut se ratatiner à zéro », disait Einstein.

Partant de ces trois définitions et de la théorie des cordes sur le rebond, la redistribution nous semble acquise.

Ce qui ne l'est pas du tout, c'est la vision de l'infiniment petit. Pour notre cerveau, comment la comprendre ?

Comment expliquer que nous voyons un monde solide alors qu'il est morcelé, agité, systèmes de vents de sable quantiques. Nos yeux, notre cerveau nous trompent, même si par la suite, ils corrigent. Nous nous persuadons que nous vivons sur un monde de grains de sable agités.

Nos beaux Lego qui s'emboîtent si bien sont en réalité agités et vibrent.

En revanche, quand nous essayons de comprendre plus loin, les séries des interrogations s'enclenchent.

Comme le pensait Bohr, il faut changer de modèle.

Nous n'avons pas l'intuition des jeux de particules microscopiques quand nous saisissons les objets.

La seule intuition, c'est quand nous imaginons le mouvement brownien.

Connaissant et subissant son effet, au moins apprenons à nous corriger.

Au moment fondamental de la fusion avant le rebond, quel est le sens de la réalité ?

Quand nous observons la Lune, nous voyons une masse, elle s'impose à nous, et personne ne s'interroge sur ses atomes et quarks regroupés, mais lorsque nous considérons un atome, nous passons par un dispositif technique d'observation, l'un est donné par la vision immédiate construite, l'autre par l'addition de conceptions calculées et agencées tout aussi construites, mais par l'intermédiaire d'instruments. Nous les perfectionnons et ils nous donnent des niveaux différents.

La réalité n'est pas de prime abord composée de gerbes d'étincelles.

V - Proximité, relation, communication

1) Considérations quantiques

Maurian

D'entrée de jeu, la mécanique quantique affirme qu'elle ne porte pas sur le Réel, mais sur les observables. C'est une manière de décentrer les considérations.

Audrey

D'entrée, elle nous force à nous poser la question : qu'appelle-t-on réalité ou réalité observable ?

C'est l'opposition entre science traditionnelle qui croit à une définition de la réalité et des sciences modernes qui croient en un objet assemblé, à une science construite, relative et relationnelle.

Alors nous sommes désarçonnés : que devient l'Ontologie de la chose qui EST, si nous convertissons notre science en ce qui se transforme en fonction d'autres domaines, que nous étendons de l'objet considéré à la création de l'univers, puis celle-ci à des relations obscures ?

Ce que nous appelons vérité fondamentale est construit par des concepts d'étincelles, une mesure de temps furtif, de chocs sur une cible (collisionneur), de densité, un niveau de technicité.

C'est donc une vérité temporaire, construite, relative, faisant appel à un système de relations entre composants.

La distanciation de l'humain avec l'Univers marquerait l'impossible saisie et l'approximation probabiliste, elle est aussi dite fondamentale. En somme, la seule chose que l'on pourrait appréhender ou calculer, c'est la différence fluctuante entre le concept de réalité que nous créons ou espérons comme réalité, comme le disent les mathématiques et les philosophes, et une hypothétique projection extérieure.

Mon cerveau est un moyen dont j'oublie les zones et neurones. L'Univers est une globalité insaisissable.

Ma raison est confuse entre ces deux abîmes.

MAURIAN

La différence sera d'autant plus colossale qu'elle naît sous la plume du même homme. A. Einstein croit à une vérité, mais crée deux sciences apparemment irréductibles.

Pour N. Bohr, les ondes et particules ne sont pas des attributs de la nature, mais des idées (page 91 de *La Révolution inachevée d'Einstein*, de Lee Smolin). Nous n'observons pas l'électron lui-même, ce sont des moyennes formées par des dispositifs techniques faute de mieux. Ce sont des gerbes d'étincelles comprises entre telle ou telle densité, pression, vitesse.

Nous ne connaissons les particules que sous la forme de nuages d'énergie, mais surtout comme réponse à notre interrogation au travers de grands dispositifs techniques. En somme, ce que nous disons de l'électron, d'un atome, n'est qu'une traduction de polarisations-dépolarisations interprétées par des zones du cerveau en idées.

Face à notre ignorance, nous décrivons avec force détails tous les moyens techniques. Mais ils ne fourniront que la projection d'une intention.

Nous masquons la réalité antérieure de monstrueux éléments (électroaimants de centaines de tonnes) et de descriptions matérielles et nous décrivons de minuscules gerbes d'étincelles de quelques milliardièmes de seconde sous un amoncellement de calculs et d'équations dans un langage parfaitement hermétique.

Ces idées construites par procuration d'instruments et de raisonnements ou par deux intelligences, une artificielle et la nôtre, ne sont que des approches, des jeux d'espaces-énergies, de divisions et de combinaisons jusqu'au progrès suivant.

Ainsi, il ne faut jamais dissocier l'image et l'idée de son contexte expérimental et les structures de renvoi entre notre cerveau, les calculs, les écrans, les moyens.

Pour Bohr, « la science ne parle pas de la nature. »

Ceci entraîne une question profonde : comment parle-t-on de la nature ? Le philosophe, dans ses idées, parle d'impressions, de représentations, de concepts et de non-contradictions. Les mathématiciens, de moyennes, de calculs ou d'équations à condition qu'elles ne se contredisent pas.

Ils sont sûrs de leurs calculs et de leurs raisonnements.

Surtout ne pas se contredire.

Le problème est qu'il n'y a pas de fonds, de références.

Nous ne parlons de la nature qu'à l'occasion de stimuli traduits ou de concepts déjà écrits. Que vaut toute traduction ? Derrière ces structures de renvoi, nous construisons des systèmes de relations et de dépendances tout aussi tributaires d'équilibres d'énergies.

La réalité est relative aux moyens employés et aux systèmes d'idées synthétisées.

Bohr voyait dans la philosophie de la complémentarité la solution. Elle était verticale pour franchir les niveaux de questionnements et horizontale pour rechercher les bons concepts. C'était une philosophie de la science, issue du cosmos et du cerveau, lieu de rencontre des deux en nous. La complémentarité était un moyen pour lui de penser ce qui s'associait et compensait la différence humain-réalité.

Bien sûr, si nous avons des idéalistes, nous avons des empiristes et des savants qui vont essayer, tel Einstein, d'être réalistes.

Pour N. Bohr, les observations et les phénomènes ne peuvent être associés à des réalités comme collections de stimuli.

Quand nous parlons d'une particule, nous pouvons toujours la localiser, mais c'est l'onde qui la dirige.

Dès lors, le monde quantique se scinde en deux.

Comme si cette dualité onde-particule ne suffisait pas, la théorie quantique va aboutir à des indiscernables.

Pour Heisenberg, la science ne décrit pas ce qui existe, mais n'est qu'un moyen de conserver une trace de l'observation. Dans la conquête spatiale, les savants laissent une plaque pour piéger les traces des particules, c'est ce que nous observons. Des analystes recherchent si nous retrouvons les substances que nous connaissons, dont nous avons la composition. Même si les compositions sous forme de combinaisons sont étrangères, elles n'en sont pas moins extrapolées à partir de nos registres.

D'un côté, nous avons Einstein, de Broglie et Schrödinger qui pensent qu'une particule est réelle, de l'autre Heisenberg, Bohr, qui s'appuient sur la thèse de la complémentarité et de l'indiscernabilité profonde, et qui pensent que la réalité ne nous est accessible que sous forme de représentations, de conjectures.

Les positions vont un peu évoluer quand Heisenberg va dire que la science ne concerne que des quantités mesurables, en entraînant une autre polémique sur la nature exacte de la mesure.

Sans mesure, je suis dans l'ignorance. Mesure faite, je peux classer l'objet, mais que s'est-il passé entre les deux moments ? Qu'est-ce que la mesure et l'instrument qui me révèlent le quark ou une trace, une trace est une idée également construite ?

Vous n'avez que cela, toutes les mesures ne regroupent que des collections de phénomènes eux-mêmes distanciés de la réalité qu'elles trahissent.

Certains scientifiques parlent d'effondrement, de décohérence, de l'inconnu que l'on remplace par la mesure, c'est-à-dire des étalons choisis par les esprits. Qu'est-ce qui a changé ?

Une synthèse à propos de la connaissance de l'objet, c'est une idée et des concepts regroupés en systèmes, la recherche d'un catalogue de coordonnées qui n'est que dans notre conscience et dans les bibliothèques.

Mais déjà se présente une question essentielle.

2) Qu'est-ce que le réel ?

MAURIAN

Pour le macrocosme, la masse s'impose à nos sens et neurones. Pour le microcosme, ondes et particules s'imposent via des instruments et ensembles techniques, c'est leur complexité qui s'impose d'abord. De plus, ils s'effilochent à l'infini.

Pour la théorie quantique, c'est toujours le champ qui guide la particule.

L'onde se propage toujours dans l'espace et suit tous les chemins.

Selon la théorie quantique, là où l'onde sera la plus intense, atteindra son carré, là sera la particule.

AUDREY

Dans quelle situation nous trouvons-nous ?

Nous cherchons une définition de l'objet au plus petit et nous avons une définition qui nous dit que nous avons des chances de le trouver là où l'onde est la plus intense.

Donc, peut-on dire que l'onde et l'objet s'étalent dans l'espace ?

MAURIAN

Selon Einstein, l'objet et l'espace-temps sont de même composition. L'objet n'est en somme qu'une concentration d'énergie et d'espace.

AUDREY

Selon les expériences des fentes de Young ou de Morley et Michelson, nous voyons qu'il est impossible de mettre en défaut cette double composition ondes et particules.

Nous sommes contingentés par l'énergie, le temps de l'expérience et les instruments de laboratoire.

MAURIAN

Ce que nous construisons comme réel est quantique.

Quantique ne veut pas dire inexistant, nous nous faisons mal quand nous nous heurtons à un ensemble de quanta que nous nommons roches.

Allons-nous définir la roche complètement ? La réalité n'est qu'approchée. Quand sera-t-elle complète ? Est-ce que les termes « complet » ou « universel » ont un sens ? À quel moment aurai-je mathématisé toute la connaissance universelle qui me fournit la connaissance de chaque réalité ?

AUDREY

Pouvons-nous, comme Einstein, croire à une vérité, une formule qui explique tout ou qui donne accès à toutes les autres équations simples et en nombres réduits ?

Einstein disait que la mécanique quantique était incomplète, en conséquence j'ai choisi le questionnement d'Edgard Gunzig portant aussi sur le vide.

Si l'Univers se reprend, l'équation qui le traite aussi.

Plaçons-nous au moment où la bulle d'espace gonfle, où le rebond de l'Univers se produit, que va-t-il se produire ?

La question est-elle bien posée ?

Face à nous, il y a une immensité de possibles et de probables. Mais combien d'inconnues ?

Ce n'est pas parce que la science a mathématisé le hasard et les possibles qu'elle a livré quelque chose de scientifique. Au contraire, elle penche dangereusement vers le non scientifique. Même si le niveau quantique nous livre des calculs de plus en plus rapides, de nouveaux matériaux et médicaments, c'est-à-dire des chaînages que nous concevons comme relations sans les expliquer.

Nous sommes toujours situés entre deux infinis.

Est-ce comme cela qu'il fallait poser la question ?

Cette bulle s'est produite sous toutes les formes, dans toutes les dimensions. Trou noir, espace, énergie...

Sa nature est de se transformer.

S'il le faut, les scientifiques diront au début que c'est la compression générale de l'énergie qui a créé matière et antimatière, et notre énergie est justement le fruit de la réaction des deux.

Dans les compressions maximales, quel serait le produit d'un trou de ver et d'un trou noir, deux conditions limites de l'Univers ?

Il n'y a qu'une vérité, c'est celle qui s'est déroulée, celle d'une énergie en fusion (pourquoi les scientifiques ont-ils tendance à dire homogène ? Après tout, c'est peut-être à cause d'une impossible homogénéité que s'est créé le redémarrage de notre Univers).

Pression, énergie énorme dont le reflux va créer toutes les composantes relatives futures. L'Univers est en somme produit par l'instabilité et les vibrations.

MAURIAN

Tu remarqueras qu'il y a, dans la formule de départ, l'énergie, la densité, l'expansion et donc les vibrations, puis les plages d'espace, mais pas encore la lumière. À ce moment-là, la phase dite d'inflation a pu aller plus vite que la lumière ; le photon n'étant pas encore produit.

Stephen Hawking associait la flèche du temps avec le sens d'expansion de l'Univers.

AUDREY

Les plages créent des séquences d'énergies par carrés, non l'expansion. Pour monter d'une énergie à une autre ou pour redescendre, il faut ajouter ou retrancher le carré de cette dernière. Le sens d'expansion est, lui, continu. Entre les deux, y aurait-il des fractions d'Énergie ?

Quand l'Univers précédent a régressé, s'est-il entièrement transformé ? A-t-il laissé des traces, des énergies non transformées, et, dans sa redistribution, va-t-il créer les mêmes plateaux et strates que précédemment et ceux-ci vont-ils créer les mêmes champs, les mêmes énergies, les mêmes particules ?

Que dire face aux possibles ? Y a-t-il une ignorance fondamentale, voire souhaitable, en base, garante de notre liberté de questionner et de raisonner ?

Le passé est structuré. Quoi qu'il en soit, il s'est déroulé.

Notre impératif : le connaître. Nous sommes face à notre ignorance et petitesse.

Comment la théorie quantique force-t-elle notre ignorance à composer ?

Dans l'inflation, comment veux-tu que toutes les vibrations soient identiques ?

MAURIAN

Par l'expansion et la densité, les disjonctions sont fondamentales.

Partant d'une même énergie, il n'est pas sûr que la vitesse de propagation soit la même partout (disparité de souffle dans une explosion), que les plages et les temps de refroidissement, donc les créations, soient identiques.

Nous savons que des vagues d'espace se sont produites, mais comment traduire actuellement des phases qui se sont produites avant trois cent mille ans ?

AUDREY

Considère les amplitudes des vagues des océans.

MAURIAN

Entre la vibration de base et son carré, il y a une progression énorme, des particules non formées.

Pour L. de Broglie et Bohr, la particule est déterminée par l'onde.

Dans la physique traditionnelle, c'est l'inverse, c'est la particule qui conditionne l'onde.

Je ne veux pas rentrer dans les multiples conceptions sur l'opposition onde-particule, elle est autant étayée par des expériences sérieuses et physiques comme celles des fentes de Young, de Morley et Michelson que par des thèses idéalistes et empiriques que Lee Smolin parcourt en trouvant une voie rationnelle et unificatrice.

L'image que l'on peut garder à l'esprit, c'est celle du caillou qui frappe l'eau, il crée des cercles qui s'espacent à la surface de l'eau jusqu'à disparaître au loin. Les ondes gravitationnelles sont les premières traces décelées dans notre Univers. Elles marquent les différences de distribution de l'espace, dans la répartition des densités et de la chaleur de la photo du fond de l'Univers.

AUDREY

Parfois, je me mets à penser que Dieu a mal effectué son travail, il aurait pu numéroter chacune de ses créations, notre travail aurait été plus simple.

MAURIAN

Je ne sais pas si c'est lui, mais elles sont numérotées. Elles ont chacune leurs spécificités, leurs fréquences, à nous de les enregistrer et surtout d'en emboîter les Lego. Ce sera toujours la même réponse, dans les conditions de température, de densité. C'est la résolution de nos appareils qui ouvre de perception en perception... Partant d'une même soupe, il faudrait mesurer les phases de densités, donc de champs et de forces, d'émissions, s'il y a plus de ceci, moins de cela.

AUDREY

Donc, tant que nous n'aurons pas l'étalonnement des densités, des températures, des énergies, des combinaisons à chaque phase et les différences entre phases, nous aurons des statistiques faussées.

MAURIAN

Nous les avons, mais n'oublie pas que ce passé constitue le futur de notre connaissance, et là nous sommes en échec.

Nous essayons bien en laboratoire d'imiter la chaleur du soleil grâce notamment à ITER, mais atteindre celle du début de l'Univers ou dans l'échelle de van't Hoff (elle marque la progression, la constitution des trous noirs en température et en concentration) est peu probable. Nous avons à peu près toutes les créations dans l'échelle des températures, des forces nucléaires diverses, mais il nous manque toutes les combinaisons futures et possibles. En cela, nous ne sommes pas au bout de nos découvertes si nous envisageons des existences jusqu'à cinquante, cent et même cinq cents zéros après la virgule comme causes créatives. Cette division montre que l'espace et le temps ne sont que des émergences de la distribution d'énergie.

AUDREY

En somme, nous jugeons selon des conditions espace-temps qui sont postérieures à d'autres causes.

MAURIAN

De plus, entre les deux, nous découvrons peu à peu qu'ils n'ont pas le même statut. Le réel apparaît comme le sommet d'un cône relationnel. Le cône, c'est l'expression géométrique de l'espace après la variation temporelle.

AUDREY

Quanta, selon des circonstances, complémentarités, forces électromagnétiques, nucléaires, ce n'est pas un entassement de Lego disparates. Les Lego s'ajustent et fonctionnent ou se détruisent dans l'Univers brut.

Les forces sont celles que nous connaissons.

Parfois, je pense que nous avons tout, des premières créations aux dernières, les forces d'agencement et de cohésion, qu'est-ce qu'il nous faudrait de plus ? La clef de voûte de l'édifice ?

3) Lois des systèmes

AUDREY

L'Univers est une collection de systèmes en proie à l'entropie. Les transformations sont comme ces acrobates du cirque qui ne cessent de tomber du sommet du chapiteau en prenant parfois des poses en équilibre très précaire.

Dès que la bulle gonfle, le ballon s'agrandit, les combinaisons se nouent et se dénouent.

Nos savants nous disent qu'à force, les systèmes tendent à s'organiser.

MAURIAN

Selon Valentini, « Tous les systèmes quantiques qui ne sont pas en équilibre tendront vers ce dernier ».

Ce théorème reprend les principes thermodynamiques classiques (Carnot) : un système chaud va perdre sa chaleur par entropie en diffusant son énergie à son entourage plus froid et en refroidissant.

Puis les principes de répartition. Poincaré avait imaginé que toutes les répartitions repasseront par leurs conditions originales.

Pour la théorie quantique, le théorème devient : « La distribution des particules dans un ensemble est arbitraire, mais quand elle atteint le carré de la fonction d'onde, elle est dite en équilibre quantique ».

Audrey

Ce serait le cas des systèmes quantiques avant le big bang, dans lesquels énergie et information seraient en adéquation et voyageraient instantanément. Nous sommes dans la définition de l'intrication. Après la création, cette adéquation ferait tache et créerait des différences dans la soupe primordiale entre avant et pendant l'extension.

Le fond diffus de l'Univers nous livre une loi d'inhomogénéité.

La distribution a été étirée, modifiée par l'inflation.

Qu'est-ce qu'un étirement d'un équilibre quantique quand énergie et information sont confondues ?

L'Univers est issu de l'étirement quantique. Est-ce lui qui préside les quanta et lois causales ?

Que serait donc cet Univers primordial où, sans lumière, l'information et l'énergie noueraient librement leurs relations, jouant du temps sans distances ?

Que renfermait cette bulle ?

Est-ce un trou noir ou blanc ?

Einstein disait : « Il n'y a pas de système ni d'atomes immobiles. » Là, nous avons une énergie sans lumière, mais des combinaisons d'informations aléatoires, des brides qui se détruisent.

Certains craignent le même schéma pour notre avenir lointain, si c'est celui du début, celui-ci nous reprendra.

Il y a contradiction. On ne peut pas dire « M la Masse est dynamique et égale à l'énergie » et l'imaginer immobile, morte, tapie dans l'ombre cosmique à jamais.

Une masse est une force et si deux d'entre elles sont en présence, elles créent un espace-temps. Un Univers mort est un Univers sans espace, sans masse. Y a-t-il une masse sans orbite ?

Il y a une géométrisation dynamique des dispositions spatiales, des orientations remarquables d'énergies. Nous trouvons ces phénomènes dans les flocons de neige, dans des roches et minéraux. Il n'y a pas de géométrie sans espace. Si nous concevons une pelote de relations temporelles sans espace, comme une pelote de corde, c'est la représentation du trou noir. Mais n'y a-t-il pas une conversion en trou blanc, comme conversion en énergie expansive avec l'information ?

Tu disais tout à l'heure que notre futur était le passé de l'Univers ; dans ce cas, nous n'avons qu'à répertorier les phénomènes qui se répètent et les cadrer avec nos repères mathématiques.

Si nous émettons des doutes sur un Univers tout entier immobile, le vivant n'est pas un agrégat, un amalgame disparate, mais, au contraire, une disposition et variation d'atomes, de cellules finement disposées selon des informations spécifiques, adaptatives, pour atteindre un fonctionnement caractérisé, point d'équilibre précaire.

Lee Smolin nous dit : « Si nous voulons décrire un atome, il nous faut trois chiffres, c'est-à-dire les coordonnées de celui-ci, pour un chat il en faut 10^{25}, donc en tout trois fois 10^{25} atomes, pour décrire la configuration et les dimensions du chat. »

Chaque atome représente une quantité d'énergie et une onde. En tout, le chat lui-même dans sa globalité est défini par une onde.

Il devient difficile, voire impossible, pour l'esprit d'imaginer le cumul des dimensions d'un chat. Alors, nous prononçons la globalité « chat ».

C'est quelque chose qui me ronge. D'un côté, on nous dit comme Descartes que pour comprendre une réalité, il faut la diviser en les plus petites parties possibles, et de l'autre, que pour la voir dans sa fonctionnalité ou en situation, il faut la replacer dans sa globalité. Or, l'esprit est incapable d'effectuer ce saut, ce passage de l'un à l'autre, sans en appauvrir, sans en réduire le contenu. C'est trahir la représentation.

Mais c'est atome par atome, système par système, ensemble et sous-ensemble, chaque étape, comme la composition, les articulations des quanta du cœur, du foie ou du pied, que se constitue cet être qui raisonne. Imaginer un chat comme l'éclaté d'une machine complexe pour visionner la position de tous les constituants à différents niveaux n'est pas un non-sens.

Maurian

Une vision en trois dimensions de l'articulation, des dispositions de chaque pièce, est primordiale, demain il en ira de chaque atome.

Le professionnel de santé sera bien content de voir une mauvaise association à ce niveau-là.

Rappelons-nous les travaux de dissection de Léonard de Vinci, maintenant que nous voyons des radiographies et organes par transparence.

Nous jouons ici avec le principe holographique, nous projetons en toutes dimensions (nouvelles réalités) ce qui est réellement le cumul de tous les vortex, de tous les composants, cellules, atomes des champs, de l'espace, de la configuration « chat ».

Décrire le nom chat, c'est décrire une synthèse de combinaisons spatiales, ses variations de dispositions. Ce chat est une multitude de combinaisons de variations et de distribution de combinaisons, donc d'articulations d'énergie.

AUDREY

Imaginons-nous avec un stock d'atomes, de quanta et de cellules en train de confectionner l'ensemble chat pour qu'il fonctionne. Imaginons la nature et le Vivant en train de composer et de disposer chaque élément d'énergie et chaque cellule. Nous pouvons penser un espace de configuration, mais il faut aussi comprendre l'espace informatique non plus au sens de repérage des modifications, mais au sens de positions fonctionnelles où il faut placer les éléments pour que le tout vive. Tâche impossible en fonction de systèmes.

Nous passons d'espace relatif à espace fonctionnel.

En même temps, si nous pensons ces espaces, il nous faut imaginer les ordres et relations exclusifs. Les combinaisons posées en excluent d'autres. La globalité constitutive est faite de l'ensemble des deux dans un monde quantique : les exclues et les complémentaires.

MAURIAN

Lee Smolin attire notre attention sur un fait : la rivière se sépare en deux, et crée une île au centre. C'est toujours la même rivière, de l'eau et le même nom, mais jamais les mêmes particules. Ce sont des particules qui forment la nature de l'eau, les mêmes éléments, mais si nous avions mis une marque sur eux nous verrions que nos marques ont disparu. Nous leur donnons le même nom, « eau », ou H, ou 2 O, bien sûr composées des mêmes associations, mais toujours différentes.

AUDREY

C'est curieux comme nous mélangeons ou feignons de mélanger le même et le différent, le particulier et le général. Nous passons de l'élément au genre global.

Cette remarque prend son importance pour les gènes et leurs expressions. Nous avons les gènes et leurs expressions ou mises en silence. Considérer un chat, c'est déjà une élaboration importante, mais mort ou vivant, c'est choisir des attributs et épithètes différents.

Quelle importance au niveau atomique, au niveau quantique ? Mais nous appelons cette distanciation « chat », comme idée globale. Nous fonctionnons par synthèses, par idées globales.

Toutes les configurations sont possibles, en train de rêver, dormir, sur ses gardes, même en action ou mort, nous parlons toujours du chat Félix. Si l'on me dit qu'il est dans une boîte, je ne sais pas s'il est mort ou vivant.

MAURIAN

Ce n'est qu'en ouvrant la boîte que j'aurai une certitude. C'est la relation humaine sur le quantique. Pour qui y a-t-il importance ?

AUDREY

Pas au niveau atomique ; qu'est-ce qui distingue des milliards de combinaisons de chat vivant ou mort, en train de mourir, déjà mort depuis un jour : le nombre d'animations des atomes, la concentration de ces derniers, le maintien de ces derniers sous un système d'échanges d'oxygène et de transformations d'énergie ?

MAURIAN

Lee Smolin raconte qu'au début de sa carrière, il avait retenu des places en avion pour une conférence, et qu'au dernier moment, il avait changé ces dernières, qu'au lieu de partir en début de semaine, il n'était parti que pour son jour d'intervention en fin de semaine. Il apprit le soir que l'avion qu'il aurait dû prendre avait eu un accident et s'était abîmé au fond de la mer.

Comme la rivière, le chat, la fonction d'onde représentant la globalité des systèmes possibles peut se séparer. Le conférencier est celui qui va faire sa conférence vendredi après-midi, qui monte à son pupitre à dix-sept heures, mais aussi celui qui avait retenu la place x en début de semaine et se situe mort au fond de la mer. Une branche de la fonction d'onde qui guide ses atomes est au fond de la mer ; une autre entame sa conférence. La place prise au début, actuellement non occupée par l'auteur, existe et aurait dû être prise par un nom désigné. Quelle suite représente et construit notre futur ? Nous avons tendance à aligner les suites logiques du déroulement du passé sur celui du futur. Nous voyons que ça ne fonctionne pas ainsi.

Nous avons des branches occupées et d'autres vides. Nous avons des possibles animés et d'autres non. Nous avons du sang, de l'énergie qui coulent dans divers possibles qui sont ou non, rappelant une question célèbre : « ÊTRE ou ne pas ÊTRE ? »

L'hypothétique futur n'est pas irrigué d'énergie. Il conjugue le temps, il aurait pu.

Qui sommes-nous ?

Quelle branche de moi-même est alimentée et animée ? Combien de moi-même sommes-nous à vivre ou en attente, dans combien de configurations ?

Dans les films policiers, les enquêteurs placardent sur un tableau les différents protagonistes et cherchent les relations qui pourraient joindre et animer les connexions entre eux pour conduire à l'explication des causes.

Ma naissance a créé tous mes possibles, tous sont adjacents à ma dépense d'énergie.

Qui suis-je, moi, avec mes possibles ?

Je ne vois pas de petits poissons, mais qu'est-ce que la vie et la mort, si c'est la même fonction qui me définit en deux genres opposés, les faces d'une même pièce, l'un sans l'autre ?

Dans ma vie, comme toute personne, j'ai fait des choix.

Aujourd'hui, qu'est-ce qui me définit dans toutes ces branches vides de moi-même ?

Comme le note Lee Smolin, toutes ces branches sont vides, équivalentes et réelles. Il ajoute que l'énergie coule dans un seul de cet ensemble.

Pire encore, y a-t-il de possibles interactions entre toutes ces branches et ma vie actuelle, passée et future ?

Des êtres malades ou victimes recomposent leur passé. Maintenant, nous ne savons pas comment le futur se joue de nous. Nous lui donnons une consistance parce que nous nous sentons dans un bain de circonstances.

Est-ce cela qu'on appelle destin, dans les choix qui me dirigent malgré moi ? Ces possibles futurs influencent peut-être mon devenir.

Lee Smolin se dit : « j'ai fait des rencontres, j'ai fait des choix de carrière ; toutes ces réalisations et hésitations me définissent dans mon moi.

J'adorais la physique-chimie, j'ai choisi la science fondamentale, ce choix me conditionne présentement.

Les combinaisons passées conditionnent mon futur. »

Élargissons notre vision, quand je nais, j'ai potentiellement toutes mes possibilités en fonction d'un ensemble de systèmes de quanta d'énergie, avec les limitations génétiques que me lèguent mes parents dans un ensemble plus vaste qui influe.

À ce moment-là, j'ai déjà un conflit entre les possibles.

Dans tous ceux-ci, face à mes choix, plusieurs de même intensité et avec lesquels je suis en accord s'offrent à moi. Je m'avance dans l'un d'entre eux, je réfléchis, je reviens sur ma décision. Puis, après quelques essais, je me détermine sur un autre. Les spectateurs diront : « Il hésite, il ne sait pas ce qu'il veut », mais tous ces possibles sont de force et d'existence identiques. Il est de ma capacité de choisir. À chaque moment, dans la diversité, j'en exprime un que j'appelle « moi ». Mais JE suis fait d'ensembles et d'exclus qui me définissent et donc « je » suis plural.

Je peux demain décider de divorcer et de prendre d'autres caps dans mes différentes vies. Je change ma vie d'orientation. Tous les possibles sont là.

Mon attention à l'école, en mathématiques ou en français, a orienté mes connexions.

Sans le savoir, ma fonction d'onde va développer des branches intéressantes, que je vais poursuivre ou non.

Je ne suis donc pas simplement « je », mais l'ensemble des possibles potentiels de mes systèmes, l'ensemble de mes fonctions d'onde choisies et exclues.

Y a-t-il quelque chose en moi qui additionne, cumule, trie et rejette inconsciemment tous ces possibles ?

Quand je vais choisir telle école, tel métier ou me marier avec telle jeune femme, je vais exercer des choix et des exclusions.

Je peux reprendre dans le futur des conditions que j'avais éliminées.

Quelles connexions y a-t-il entre mon bagage biologique, psychologique et l'ensemble quantique ?

4) Système énergétique ?

MAURIAN

C'est ce qui conduit à la représentation de l'état quantique d'un système individuel.

C'est un cône de relations, de temporalité qui, de quantum en quantum, de système en système, part d'associations de minéraux, de cellules vers des systèmes d'êtres et qui, finalement, nous livre les concepts globaux, une construction thématisée dans l'espace.

Je suis leurs expressions quantiques (niveau fondamental), physiques (constitutif), biologiques (le vivant) et psychologiques (stimuli-perception).

La distribution des énergies étant arbitraire et statistique, toutes les définitions subiront les conditions des indiscernabilités, au-delà de la limitation des relations comme limites des systèmes dans lesquels seront enfermés les quanta.

Nous pourrions suivre les énoncés des différentes thèses sur l'onde pilote, les ondes de guidage, les conceptions de de Broglie, la tentative d'explication d'Einstein, les oppositions entre les différentes écoles...

Je préfère me poser la question : de quelle réalité partons-nous ?

Si nous partons du début, comme un célèbre marquis le dirait, nous partons d'un état fondamental aléatoire.

Cet état est général, commun, intriqué. Nulle différence ne peut être constatée. Comme cet état se modifie, les énergies aussi. Les combinaisons vont rentrer en conflit.

Construit fondamentalement sur une base quantique, je suis et j'exprime celle-ci, mais dans un moi très lointain. Il y a un curieux décalage entre ma base et le « je » qui ouvre la porte de la voiture.

Ainsi, toute définition reprend, se charge des aléas quantiques, traîne en elle une part d'aléas.

AUDREY

Il n'y a donc jamais de vérité absolue ?

Elle n'est toujours que relative. Pour ne pas trop compliquer les données, reviens à la question primaire : qu'est l'être de Lee Smolin ou le mien ?

MAURIAN

Le petit point au bout de la pyramide quantique des possibles et des derniers choix, mais je serai toujours la somme de mes erreurs et hésitations, de mes engagements et possibles, d'une époque et d'une synthèse évolutive.

Biologiquement, l'autre de Lee Smolin s'est dérobé, l'auteur l'a échappé de justesse. Il a modifié le cours de son temps.

Tu vois bien qu'un questionnement serré sur le temps et la conjugaison des modes du verbe être sont nécessaires.

AUDREY

Quel est son statut, il existe ou il n'existe pas ?

Lee Smolin est l'auteur qui relit son livre, il n'est donc pas au fond de la mer. Demain, il sera peut-être invité à donner une conférence, il devra peut-être reprendre un avion.

S'il décide de se rendre à un congrès, nous lui souhaitons d'arriver à bon port, mais qui peut dire ce qui arrivera demain ?

Compte tenu du temps qu'il fait, de la météo, l'aéroport prévoit du mauvais temps et de la neige fine, mais sans tempête. Logiquement, l'avion pourra décoller, donc se rendre à destination.

Comme pour le dé, sait-on si c'est le un, le cinq ou le six qui va sortir ?

La logique arithmétique dit que, compte tenu de la conception des avions, de la technique, de la science, du professionnalisme des constructeurs d'avions, des essais et des mises au point, des pilotes, de tous les vols dans le monde, notre conférencier a toutes les chances d'arriver pour sa conférence. Alors, pourquoi y a-t-il des accidents ?

Un sur un million ! Suis-je dans celui-ci ?

Je vais donc m'en sortir en disant qu'il est probable, qu'il est possible, voire à peu près certain, que tout se passera bien.

Cependant, l'auteur a fait des choix, il aurait pu ne pas faire ses études et conférences.

Tous ces choix étaient réels hier et sont toujours vrais aujourd'hui. Il peut divorcer et reprendre sa vie avec une ancienne amie, ou reprendre d'autres formations.

La question est : quelle est la différence entre tous ces possibles réels parcourus par l'auteur aujourd'hui et ses choix futurs ?

C'est un jeu de temps, de relations, dans lequel il place ou non son être énergétique.

Tous les choix sont également réels à égalité de statut. C'est après qu'ils ne le sont plus.

Il s'est marié avec telle personne, l'avion est tombé dans la mer, des personnes sont malheureusement disparues. Ce qui était possible est passé, accompli, achevé.

Réalités, connexions énergétiques, aux statuts si différents, durs et si fragiles. C'est aussi la différence entre la vie et la mort dans nos multiples arrangements de quanta. C'est une temporalité d'agencements, c'est un tissage de relations remplies d'énergie. Vous ne tapez pas avec un marteau avant d'avoir mis le clou, vous ne faites pas démarrer une voiture sans y être rentré ou avoir actionné le dispositif d'allumage.

Il y a un ordre des choses, des étapes, un agencement de Lego, un ordre du temps.

Cependant, tous ces ordres et combinaisons existent dans l'Univers, ce sont même des possibilités d'évolutions dynamiques. Les connexions qu'il n'a pas effectuées hier sont peut-être ses évolutions de demain.

Maurian

Rappelons que, pour la science, quand nous cherchons l'électron, il est partout, s'étalant dans l'espace. Il ne se matérialise que lorsque l'expérience le mesure. Quand tu as un choix à faire, avant de le faire, tout est possible, une fois fait, un seul est concret.

Audrey

Tous les possibles sont partout, sauf quand un appareil localise un photon, un électron.

C'est-à-dire qu'il synthétise les composants qui les définissent.

Maurian

Avant que le paquet d'électrons ne heurte sa cible, je ne peux rien dire sur la gerbe d'étincelles, si ce n'est qu'elle va surgir et rappeler des expériences passées ou me révéler d'autres choses si j'ai engagé plus d'énergie.

Régulièrement, les mesures sont affinées.

Rappelons que, pour la théorie quantique, l'onde se propage dans l'espace et suit tous les chemins possibles.

L'onde dicte son chemin à la particule. L'appareil ne fait qu'isoler une particule parmi toutes les autres. Quand me considère-t-on comme un système global et unitaire ? Ou composé de multitudes ? Est-ce la définition de la vie ou de la mort ?

Quand je suis éclairé, détecté, je ne me présente pas comme particules, système de quanta, mais comme tout.

Audrey

Je suis composée de milliers de Lego, je ne suis pas un.

C'est curieux quand la théorie quantique rejoint la psychiatrie. Qui sommes-nous ?

MAURIAN

Tu ne crois pas si bien dire. À tel point que la théorie quantique jette un trouble.

Bien sûr, il y a un passé, un sens du temps et un ordre des choses... Pour les choses, il y a un ordre des Lego, des constituants, comme le disent les chimistes M. Bawendi, L. Brus et A. Ekimov, prix Nobel ; en est-il de même pour les humains ?

Renier son passé, réécrire son temps, c'est un temps dans le temps.

Nous devons nous satisfaire de nos choix sans effacer le tableau qui n'est pas noir.

Nous sommes cet ensemble de choix et d'exclusions.

Si un coureur tombe ou manque la victoire à cause d'un incident, il s'en souviendra toute sa vie.

AUDREY

Ce qui laisse rêveur, ce sont ces atomes libres qui parcourent l'Univers, alors que d'autres restent sagement enfermés dans les limites assignées par le vivant pour former une cellule du cœur, du pied ou du rein. Le vivant acquiert dans l'emprisonnement de l'énergie, dans la constitution d'une forme d'espace, dans la variation de combinaisons d'énergie, dans la constitution d'une information, une réelle puissance.

À la limite, mon être fini « je » comme situation me définit par des énergies qui me constituent mais me sont étrangères.

Je ne suis ici ou là qu'une expression d'un monde et d'un sujet plus vaste. Les atomes forment le « je », mais ne sont pas formés par lui. Je suis Lego ou information lacunaire, dans le temps partagé dans l'espace.

C'est curieux comme le sens commun trahit ce sujet.

Un étranger arrive dans un groupe, même s'il est fort poli, en disant : « Excusez-moi de vous déranger, pouvez-vous répondre à une question : à qui appartient le véhicule garé devant ma porte ? » Le bon sens populaire va lui demander : « Monsieur, présentez-vous. » Intrus, menace, étranger, vous êtes d'abord une expression, une information que les personnes veulent connaître.

Comme si le fait de les renseigner sur ce véhicule dépendait de votre nom, prénom, fonction.

MAURIAN

Mais cette interrogation ne vient-elle pas d'un niveau bien plus profond et inconscient ? La bactérie cherche d'abord à identifier si celle qui s'approche est amie ou non. Que me veut-elle, celle-ci ?

Nous allons retrouver la structure suivie dans *Questions fondamentales* (J.-P. Wenger) sur les stratégies du vivant.

AUDREY

Mais alors, parler de ma globalité, c'est parler de mes atomes et particules constituantes. C'est parler d'un système dynamique d'échanges. Parler de ruptures d'équilibre, c'est parler de transformations et donc d'informations.

Mes atomes constituent mon « je », ou le système de formes qui définit l'ensemble, ou les relations mutuelles et réciproques qui le font émerger.

Inconsciemment, le groupe demande des informations sur vous, comme la bactérie.

MAURIAN

À la limite, au lieu de demander « Présentez-vous », la personne aurait pu me demander « Quelle information êtes-vous, apportez-vous ou véhiculez-vous ? ».

Mon informatique, mon énergie, mon « je » conscient et inconscient me dépassent. Dans ce moi en situation, quelles sont les informations conscientes et inconscientes que mon organisme extirpe des situations et choix que je parcours ?

Toute masse, tous les quanta, toutes les informations influencent ou perturbent mon système.

Au sujet de l'information, la théorie de la relativité comme champ et la théorie quantique se complètent.

Plus, moins, chocs, contre-chocs, forces électriques et magnétiques, forces primaires : tout est échange. La toile de l'espace-temps devient toile de relations nouées.

C'est la question que se posait R. Penrose, disciple de S. Hawking.

Comment regrouper le champ, la gravitation et les quanta, ces deux théories, dans un ensemble harmonieux ? Dans quel ensemble peut s'inscrire la multiplication des temps et des lieux, des énergies, si ce n'est génériquement dans la thèse de la thermodynamique quantique ?

Énergie première veut dire champs regroupés, que très vite les vibrations fracturent et libèrent.

Ce qui revient à dire que le Un premier ne peut exister, ou alors un temps infime.

La mécanique quantique consacre le multiple fracturé et l'indiscernabilité fondamentale.

Au niveau de la fracturation du rebond, les quanta ne sont pas discernables. Un ensemble de chocs et d'entrechocs représente-t-il une unité ?

C'est un réservoir d'échanges.

C'est le début de la structuration des vibrations, des relations qui vont structurer les lois causales puis l'espace-temps.

AUDREY

Univers de relations.

MAURIAN

Après l'impossible disparition s'ensuivent des vibrations et leurs conséquences.

AUDREY

L'aléatoire-combinatoire.

En faisant vibrer cette énergie, nous pouvons recréer n'importe quelle particule précisément définie par une longueur d'onde, une fréquence, une intensité vibratoire.

Les éléments déclencheurs sont les propagations des vibrations et la température.

La conception moderne est celle du passage des vibrations dans une soupe primaire. Le temps et l'espace en découleraient.

Dans ce que tu dis, je distingue au moins deux phases de réalités : la première, la compression qui va entraîner la soupe primaire et les vibrations et la seconde, l'expansion donc le temps et ses conséquences, le refroidissement.

La question est : pourquoi les créations se produisent-elles par carrés d'énergie ?

L'expansion est continue, non par sauts ou séquences, en revanche, les structurations en états, champs de particules, en éléments, sont en carrés d'énergie.

Selon la thermodynamique, l'expansion est proportionnelle à la compression.

MAURIAN

Il n'y a pas dans l'espace de bas et de haut, de droite ou de gauche, mais toute disposition est le fruit d'une distribution énergétique, donc de relations qui se créent. Tout s'inscrit dans des relations causales, avant telle ère ou telle autre, avant l'électron ou le photon, et « avant » est la marque temporelle.

Le sens d'expansion situe les créations dans un ordre que tu ne pourras plus inverser, donc dans l'inscription et la création primaire de l'expression d'un ordre.

C'est ce que l'on a appelé la flèche du temps, et nous voyons qu'elle apparaît comme le développement de l'énergie.

AUDREY

Tu ne crois pas que, depuis le temps, l'Univers devrait être à zéro de température et qu'il aurait dû mourir dans le froid ?

MAURIAN

Nous sommes quelques centièmes de degrés au-dessus et il vibre toujours, il est toujours animé de gigantesques créations et amalgames.

Presque tous les scientifiques et philosophes placent le temps en priorité. Ce dernier fonde l'espace.

Tout se passe comme si l'espace avait émergé du temps.

Pour penser comme Einstein, la bulle d'espace-temps, l'onde qui se propage, c'est d'abord l'espace-temps comme une pâte qui gonfle et vibre, refoulant en elle des cataclysmes.

Ainsi, que nous le voulions ou pas, il y a un ordre, un sens.

Certains scientifiques parlent même de codage fondamental. Toutes les créations apparaissent selon des complémentarités antérieures compatibles.

AUDREY

Après l'expansion de l'espace comme onde, vague gigantesque, il y a eu les quanta, donc une parcellarisation, la création de granules d'énergie.

MAURIAN

Elle aurait été produite par un phénomène de frottement, de râpe entre l'énergie et l'onde.

AUDREY

Justement, entre la théorie de la gravitation et la théorie quantique, la problématique est : comment les accorder dans ce volume créatif ?

La réalité énergétique, c'est le cumul des deux, comme les grains de sable constituent le sentier, la plage, les agglomérats.

MAURIAN

Le phénomène de râpe vient des quanta eux-mêmes par rapport à l'onde qui les roule et les choque, les arrache de l'énergie.

Les anciens s'interrogeaient sur cette relation des parties et du tout. La globalité appauvrit et noie la diversité des quanta sous une appellation générale.

Nous parlons de la plage, non des grains de sable, de l'onde, non des particules.

Où plaçons-nous notre projecteur ?

Quand nous façonnons des formes, des pièces, fondons du métal, du verre, découpons du bois, tous matériaux, nous parlons du métal, du bois dans leur globalité.

Nous modifions les interactions, les liaisons chimiques, les liaisons structurantes électriques et magnétiques puis nucléaires fortes ou faibles par des moyens de chauffe ou de compression, de découpe, c'est exactement ce qu'a fait l'Univers.

Dans la mort, ce sont certaines de ces relations qui s'arrêtent dans l'épuisement énergétique ou la non-structuration de cette dernière. La question qui se pose est : sommes-nous capables de savoir ce qui va subvenir et de le manier ?

Comment anticiper les prochaines combinaisons ?

Quelques-unes, oui, mais des milliards ?

AUDREY

La solution ne peut-elle venir que de la généralisation ?

MAURIAN

La formulation montre bien qu'il s'agit de notre capacité de compréhension sur quelque chose d'indépendant et que l'Univers se moque bien de notre intellectualisation. Pour notre organisme, il faudra en passer par l'organisation de son information doublée d'une compréhension de la tolérance des quanta de l'Univers entre eux, le tout formant la logique du vivant, son formalisme constitutif.

La science ouvre à ce moment les probabilités.

Ces dernières ne nous donnent aucune certitude.

Pour s'en approcher, nos scientifiques vont accroître de manière exponentielle les capacités de calcul, le nombre de connexions des possibles, des relations entre quanta.

L'Aléatoire ouvre son champ aux calculs, que va nous ouvrir cet infini ? Notre cerveau s'en fera des raccourcis.

Combien de milliards de milliards de combinaisons de relations dans un milliardième de millimètre ? Quelle suite ?

AUDREY

L'Univers a-t-il procédé de la sorte ?

Je me pose toujours la question, n'importe qui peut créer un langage et des adéquations de signes et s'interroger sur la saisie du réel.

MAURIAN

Ah, le doute raisonnable !

J'ai toujours été surpris par ce doute sur Dieu, sur tout. Par ces gens qui disent : « après tout, nous n'en savons rien. Ces questions nous dépassent, ménageons le futur. » Comme si la prise de conscience de ma limitation était un gage de connaissance. Certains pensent que toute donnée mathématique est une expression de l'Univers.

Les carrés, les cubes appartiennent à nos mathématiques.

Nous nous en sortons en disant que le mouvement brownien des mouvements aléatoires, de près n'exprime rien, de loin semble exprimer une loi parce que l'Univers semble logique, c'est-à-dire qu'à toute chose correspond au moins une cause. S'il est logique, il exprime une loi et celle que nous pensons. C'est peut-être là l'erreur dans une approximation près.

Alors, nous oublions la parcellarisation, les quanta, pour ne considérer qu'une abstraction synthétique générale censée englober et expliquer le tout.

Nous nous en sortons en jouant sur la focale ou l'échelle, mais, finalement, je suis d'accord avec toi. Nous n'accédons qu'à un niveau qui demain sera remis en question.

AUDREY

Ça me fait penser à une mise au point, quand la focale de l'appareil éloigne ou agrandit les objets, là, l'esprit a besoin de se concentrer, d'oublier certains détails et de voir le tout.

MAURIAN

Justement, en quoi le global contredit-il les quanta ?

AUDREY

Le tout est fait de parties agencées et dynamiques. Les parties constituent le tout et celui-ci est dépassé par l'agencement, l'information des parties.

MAURIAN

En quoi leurs lois seraient-elles différentes ? Le quanta exhibe le ou les détails. Nous oscillons entre les deux, la trop grande division ou la trop grande abstraction.

Le scientifique demandera une loi mathématique pour être sûr. Le mathématicien dira : « à une asymptote près ».

Le scientifique aujourd'hui te dira que toute loi doit être remise en question.

Naissent les probabilités, que nous essayons d'adapter au monde, mais est-ce parce qu'on n'arrive pas à comprendre la totalité que nous sommes obligés de nous réfugier dans des statistiques ?

L'esprit mathématique exige la connaissance précise.

Ce n'est pas parce que sept fois sur dix, le pile est sorti, que cette fois encore, je peux parier avec certitude sur sa venue.

À ce jeu, certains ont perdu leur chemise.

Le savant va dire : « il est probable qu'il sorte, mais je n'en sais rien. »

Le fond fondamental est remplacé par des jeux de relations et de combinaisons.

AUDREY

Quand sont-elles aléatoires ou efficientes ? En somme, est-ce que du chaos peuvent naître des relations logiques ou nos raisonnements futurs ?

MAURIAN

Il en sort un Vivant, un cerveau et des raisonnements.

AUDREY

Ce n'est plus une connaissance, mais une communication qui s'établit. La branche d'un arbre se dirige vers la gauche, elle ne nous dit rien, en revanche, elle suit la lumière et le soleil, les racines des arbres qui s'entrelacent et qui s'échangent des minéraux.

La connaissance pourra-t-elle devenir aussi limpide ?

Ceux qui souffrent de maladies graves voudraient un jour le croire. Connaître pour guérir ou connaître pour prévoir ou contingenter ? Les gens sont-ils prêts à ne vivre que ce pour quoi ils sont faits ou doivent suivre ?

Connaître mais appliquer, expliquer, pour intégrer et suivre ?

Rêve du savoir, mais pourquoi ? Pour dominer ? Guérir ? Contraindre ? Prévenir les gens des conséquences des choix, leur donner un certain bonheur ?

Vous êtes libres, mais si vous choisissez telle branche, vous vous heurterez à telles conséqunices, à telles autres ou à telles maladies ?

Je vous l'ai dit, vous avez fait tel choix, vous aurez et avez telles maladies, étiez-vous réellement libres ?

Que serait un monde sans doute, où tous mes choix auraient été pesés, connaissables et prévisibles ? À quoi me servira ma raison ?

Le tabac tue, l'abus d'alcool, la drogue, l'indiscipline, l'orgueil, la fanfaronnerie, les armes, la provocation, l'inculture, tuent et vont contre le vivre-ensemble, et pourtant, est-ce que ces maux disparaissent ?

Au lieu de découvrir des connaissances relatives, les hommes ont découvert qu'ils sont seuls, abandonnés à eux-mêmes, à la dérive et sans connaissance. Où est le sens des réalités ? Il est quand même curieux qu'une théorie qui se dit science s'appuie sur le hasard, les indiscernables et sur le « comme si ».

MAURIAN

Un dieu, une baguette magique et puis quoi ? Einstein avait franchi le pas, prônait la raison et la logique construite, refusait les jeux de hasard. « Dieu ne joue pas aux dés », disait-il.

AUDREY

Il faisait de la réalité une expression dynamique, relationnelle.

À la suite de Leibniz et de Lee Smolin, la réalité est relation, relationnelle, relative et dynamique. Finalement, c'est nous qui construisons une idée globale par synthèse fonctionnelle et mémorisation de notre cerveau.

MAURIAN

Tu poses assez bien le problème. Nous trouvons toujours un résultat relativisé par des causes et des conditions dont nous ne sommes pas sûrs. Pourquoi cherchons-nous une certitude ?

Au début, tout était intriqué, mais nous n'y étions pas.

Nous non, mais nos quanta oui ! La théorie quantique nous renvoie à notre situation. C'est pour cela que les hommes tiennent tant à leurs croyances. La connaissance universelle est une exigence de notre cerveau.

AUDREY

Tu voudrais que l'on étudie nos quanta comme les paléontologues des morceaux d'os trouvés ou des savants à la recherche de pierres anciennes ?

MAURIAN

Absolument ! Dans l'ensemble des possibles que je puisse choisir en connaissance de cause, et tu remarqueras que l'expression a du bon sens.

En soi, cette démarche, son formalisme, est déterministe.

AUDREY

Si nous connaissons les causes fondamentales, nous pourrons peut-être nous déterminer.

Ainsi, en suivant les événements, nous pouvons décrire comment l'Univers, les relations causales dirigent.

MAURIAN

Les lois causales, l'ordre du temps émergent d'un chaos et conditionnent le présent et l'avenir.

AUDREY

Cette thermodynamique conditionne la structuration du temps.

MAURIAN

Notre situation actuelle et future.

AUDREY

Mon œil et mon cerveau vont traduire ceci en cellules, molécules et en fin de compte en peau, main, organes. En face, les phénomènes correspondent à des réalités fonctionnelles.

N'oublions pas que c'est nous qui questionnons l'Univers.

Selon Lee Smolin, sommes-nous capables de décrire, comme la science le réclame, un monde indépendant de notre existence ?

D'un autre côté, la science est issue de notre cerveau.

MAURIAN

Un début de réponse serait de penser que ce qui est nécessaire à l'Univers nous est aussi primordial et que nous sommes dans sa communauté.

Je dirais, en paraphrasant Wheeler : « Vous êtes créé dans l'Univers et des mêmes matériaux que lui... et alors, ça vous dérange ? »

L'alignement des deux se rapproche du réalisme et du rationnel tel que le concevait Einstein. Nous sommes de l'Univers, c'est au moins une certitude.

Nous utilisons et ne pensons pas à la machinerie.

Audrey

Ce que nous appelons les bizarreries quantiques concerne les incertitudes du niveau fondamental. Rondes infernales, permutations, simultanéité, intrication sont logiques et nous dirigent.

Les chocs et contre-chocs préparent une logique, une communication signifiante.

En se combinant, en s'organisant, ils satisfont à une logique de non-contradiction et d'efficience déductive simple, cohérente. Y a-t-il des contradictions dans l'Univers ? Les combinaisons se rencontrent, s'annihilent et se remplacent. Il trame indifféremment sa toile, ses relations et c'est ce qui constitue son espace-temps causal.

Courbure et milliards de chocs. Pour nous, raison et déraison.

Selon la thèse de J. Wheeler, chaque élément du monde physique possède en lui une source et une explication immatérielle. En somme, la réalité surgit de la faculté de poser des questions et de construire des réponses : oui-non (pages 184, 185 de *La Révolution inachevée d'Einstein*). Il s'agit donc d'une participation et d'un échange constants.

La connaissance est le fruit de la participation de l'individu au monde.

« Nous avons été mis au monde dans l'Univers. Et alors, cela vous pose un problème ? », répond J. Wheeler.

L'Univers participe à moi et je participe à ce dernier, en somme, nous sommes intriqués. Nous sommes une même réalité.

À l'inverse de ce que nous pensons en général, c'est la prise de conscience de la réalité comme réalité séparative qui crée la distance et nos problèmes. Cependant, cette différence est notre liberté de questionner et de trouver des réponses.

VI - Théorie de l'information

MAURIAN

Pour Claude Shannon, fondateur de la théorie de l'information, cette théorie est un échange d'un langage entre un émetteur et un récepteur. Le débit échangé, la quantité sont indépendants de la sémantique. Sans compréhension, cela ne mérite pas le nom d'information. Si nous considérons cette dernière dans un sens plus large, est information toute modification d'un état.

Je mesure la quantité d'informations si je saisis des variations d'orientation, d'articulation des éléments d'une composition.

Son étude va déterminer la qualité du savoir, un ordre d'organisation.

La communication est une transmission ou captation de symboles et de sens pour traduire et retrouver cet ordre. Quand nous ne comprenons pas une langue, nous cherchons une traduction.

Ce que veut dire un discours, à moins d'avoir affaire à un fou, c'est une désignation plus ou moins logique du réel dans un ordre qui me parle, qui a un sens.

Des scientifiques proclament que l'Univers nous parle en langue mathématique et physique. En réalité, c'est nous qui plaçons dessus une grille de traduction dont nous espérons si possible un rendu.

Proxima du Centaure envoie des signaux, que nous essayons de comprendre en fonction du temps.

Nous interprétons les émissions des différentes ondes (gamma, alpha, infrarouges...). Nous croyons avoir une connaissance fine des phénomènes solaires ou de

Jupiter. Nous en connaissons quelques éléments. Il y a du sulfure d'hydrogène à moins cent quatre-vingts degrés, c'est bien, mais c'est loin d'être une connaissance complète.

Quand pouvons-nous dire qu'une suite de symboles, même aléatoires, nous parle ? Pas avant d'en déchiffrer plusieurs pour créer un système de compréhension et les premiers sens.

Une suite de symboles quasi aléatoires rappelle en nous une connaissance.

Transmettre un message, c'est partager une information et se faire comprendre.

Un message est donc une suite de compréhensions, de reconnaissances de mots, de signes et de sens, un codage compris et partagé, un savoir ; c'est chercher à partager un sens commun.

La compréhension de ceux qui échangent ne peut se faire que si ces derniers le font dans la même langue, selon une grille de traduction, pour une compréhension mutuelle.

Cependant, le sens, la volonté de se faire comprendre, la signification appartiennent au monde des vivants (animaux et humains).

Dans sa recherche de sécurité, de prévoir pour ne pas être tué, l'esprit humain interprète des signes provenant de l'Univers, des bactéries, des virus.

Pour prévoir des transports, des voyages, des maladies, des sécurités, l'Univers est devenu un champ d'informations.

Entre humains, il y a une intention de donner un sens, pas pour l'Univers. Pour un observateur, la moindre différence, modification positive ou négative, est le signe d'une information. Quelque chose a entraîné un changement.

Entre nous et l'Univers, toute incompréhension est une information et une demande de réflexion.

Pour transmettre, il faut une distance, même entre deux bactéries. Pour échanger une information, il faut des systèmes de transmission organisés en transmetteurs et récepteurs, mais surtout une compréhension.

AUDREY

L'information utilise et combine l'espace-temps, l'énergie et ses modulations.

Échanger, c'est voir si des recompositions spatiales ont un sens et entrent dans notre interrogation.

Quand deux systèmes se composent, ce sont des relations qui se tissent. L'Univers est un ensemble d'informations.

MAURIAN

Une intrication des vibrations, des différences constitutives, les variations de charge, d'intensité et de fréquence sont des messages. L'ensemble grouille et n'est qu'information.

La question n'est plus « qu'est-il possible ? », ils le sont tous, mais « comment vont-ils se combiner en fonction des précédents, de leur environnement et de leur histoire ? Qu'est-ce que ces associations vont nous produire de relativement stable ? »

AUDREY

Qu'entend-on par stable ? La science est chaînages, équilibres précaires. Le réel est relatif à des chaînes de causalité, ces dernières le définissent et le rendent connecté en fonction de ce qu'il gagne en fonction d'elles. Viable et relatif comme relations quantifiées, alternances comme distribution jusqu'à épuisement ou réel et vrai qui se répètent dans un équilibre conditionné. Partout, le relationnel s'instaure temporairement comme jonctions et extensions, comme dispositions et orientations. Si la théorie quantique revendique d'être la théorie ultime, tout est quantique, et elle se reprend elle-même.

Qu'y aurait-il après et qui la démontrerait ? La théorie de la complémentarité ?

Nous parlons de l'Univers, de l'énergie, mais on ne peut pas parler de l'Univers dans son ensemble. Comment concevoir une totalité énergétique ?

Il est impossible de se placer quelque part pour la voir dans sa totalité, nous serions hors temps.

MAURIAN

Parler de totalité, c'est aussi vague que de parler d'énergie, de globalité. Ce sont des concepts qui fomentent des économies et des réductions dangereuses.

AUDREY

Nous oscillons entre le particulier et le général.

Mais si nous parlons de représentations, nous retombons dans le séquençage de Bohr, le monde est divisé en deux. Autant d'êtres que nous sommes, autant de divisions, nous formons comme êtres. L'Univers devient un monde de représentations, de visions, d'angles de vue avec chacun un espace-temps différent.

MAURIAN

L'Univers devient un agencement de séquences, un enchaînement de représentations.

Nous nous retrouvons avec notre explication avant et après. Le réel est construit par briques (quanta) et trames de relations connectées.

Un jour, elles se réaliseront dans leur complémentarité et prendront leur place dans des séries, sous l'influence de la gravité.

AUDREY

Si des mises en relation s'expriment, si elles sont complémentaires, si des quanta s'associent, c'est que des causes les y contraignent. En premier lieu, ces amas vont à la longue faire masse et courber l'espace-temps d'Einstein. Antérieurement, c'est l'exercice de la proximité, de la complémentarité, de la temporalité qui va les lier, dans le sens où ce qui est proche va se lier ou se détruire.

MAURIAN

Tous les chaînages expriment le sens de l'expansion, mais à des vitesses différentes, avec des combinaisons variées, des stades différents.

La logique déclare que quelque chose ne peut être et ne pas être en même temps. Reprenons l'exemple de Lee Smolin : le chat ne peut pas être gris et non gris. Le réel exclut le possible incertain.

Avant d'associer gris et non gris ou marron, il faut constituer le chat vivant et avant, ce qui va constituer l'ensemble « chat ». Pour constituer un chat, qu'est-ce que je dois assembler ? Je dois présider à l'ensemble des choix.

Possibles et certains sont asymétriques, leurs relations ne se reflètent pas dans le miroir comme inversées, n'ont pas le même statut et ne pivotent pas dans l'espace. Le possible n'a pas la même densité. Même la densité est relative au temps d'exposition.

AUDREY

Puisque l'Univers est un éternel recommencement, puisque la fin ressemble au début, la théorie quantique a voulu connaître le futur.

Pour elle, les possibles interfèrent avec le réel et ne sont pas indépendants. En somme, notre futur est notre passé, et nous sommes face à une difficulté au sujet de notre avenir semi-immédiat, que dois-je choisir ? Qu'est-ce qui va arriver ? Pour elle, le possible est une préformation du réel.

Qu'est-ce que la concrétisation ?

Des combinaisons qui créent un statut d'équilibre précaire, qui densifient l'énergie, que nous jugeons comme réelles.

Que voulons-nous dire quand nous parlons de circonstances ? Nous en appelons aux modes sous-jacents qui guident l'énergie, aux relations temporelles sous-jacentes.

MAURIAN

Nous avons du mal à cerner tout le passé pour expliquer le réel, à remonter les chaînes causales de niveau en niveau. À partir du présent, nous n'avons que les probabilités pour cerner le futur.

Pour le passé, nous faisons référence aux conditions de température, de pression, des forces électromagnétiques, nucléaires, gravitationnelles, aux grandes lois de l'Univers, aux conditions qui ont regroupé les quanta.

Les mêmes vont nous créer notre futur.

Mais nous ne cernons pas la multitude des quanta, des possibles futurs.

AUDREY

La science elle-même introduit le doute.

Une particule fictive mais réelle peut gagner en réalité en passant par le champ de Higgs.

Fictive pour la science ne veut pas dire non-existence, mais sans densité, sans masse exprimée. Le futur n'a pas encore pris densité. Les éléments et les grandes associations sont connus, nous retrouvons partout les mêmes grands éléments, là où les scientifiques butent, c'est pour expliquer le futur et trouver une réalité satisfaisante.

Le futur proviendra vraisemblablement des éléments du passé. Il devient concret quand il prend la même densité énergétique que ce dernier.

Le passé, le réel et le futur ne sont que des séries de combinaisons. Le passé commence à se transformer sous l'entropie de ses systèmes, il commence à perdre des relations, le réel présent les possède toutes. Le futur n'est pas encore répertorié par notre cerveau.

Le fait de dire vivant, mort, c'est quantifier, qualifier ou ajouter tels attributs, c'est déjà une détermination, un choix. Avant d'exprimer clairement ce que nous voulons dire, ce que nous touchons à peine du bout des doigts, ce que nous appréhendons mentalement, nous sentons ce que nous voulons dire, nous le voyons intuitivement presque et à ce moment, nous nous posons la question : y a-t-il un formalisme qui nous dirige dans ce que nous cherchons à appréhender, une intuition correspondant à une relation d'adéquation mutuelle entre l'Univers et nous, entre des phénomènes ? Que voulons-nous dire ?

Quels sens profonds, quels formalismes et quelles relations induisent-ils le choix des mots pour traduire ces faits ?

MAURIAN

La mesure focalise cette réalité extraite.

AUDREY

Sous différentes formes. C'est ramener un étalon (atome ou plusieurs quanta) à la période d'un élément sur une distance et un temps (vibrations par unité de temps).

Nous avons là peut-être un terrain d'entente, Einstein considère que tous les points de vue sont identiques sans discrimination, comme dans la théorie quantique (dans l'état fondamental, tous les points sont équivalents). Pour Lee Smolin, tous les points de vue proches sont interchangeables ou désignent des visions proches et complémentaires d'une même réalité. En somme, avant l'éclairage de la mesure et de l'observation, le réel se résume à des collections de points ou des mises en quanta. L'observation replace les éléments ou l'assemblage dans la suite des événements et rappelle les conventions scientifiques enregistrées comme réelles à ce moment-là.

Les points sont des quanta indéterminés qui vont se dessiner sous l'éclairage de l'instrument et de la lumière.

En somme, l'existence du réel est l'occasion pour la complémentarité d'organiser des vibrations.

L'énergie convertit les possibles regroupés en réel.

Je cours le cent mètres en neuf secondes et neuf dixièmes. Tous mes temps intermédiaires montrent que j'en suis capable, il n'est pas dit que le jour de la compétition, je réalise ce temps-là. Mais, avant, j'ai bien été chronométré en ce temps-là.

MAURIAN

Même le réel est incertain et transitoire.

Des instruments, des méthodes, des process, des techniques, des calculs, qui au bout te livrent une réalité à base de relations, temporalités, nombres, qualificatifs, à condition qu'il n'y ait aucune contradiction ; c'est une réalité conditionnelle.

AUDREY

Ta réalité sera toujours une construction.

MAURIAN

Ma perception est construite à l'aide d'ensembles de symboles.

Combien faut-il de temps à ma perception pour réajuster les Lego des ensembles de considérations qui entourent mes questions, disposer les combinaisons que je considère, pour chercher dans ma mémoire l'ensemble des noms et associations qui s'y rapportent ?

Il y a dans le passé et le présent des événements qui sont enregistrés comme présents et d'autres qui « pressent » ET qui poussent pour se présenter, c'est-à-dire remplacer les constructions. Kauffman appelle ceci le possible adjacent. Ces derniers et les futurs proches sont ceux qui contraignent le déroulement du temps pour s'imposer.

AUDREY

L'avenir n'est pas réel, mais nous pouvons l'envisager à partir des éléments denses et proches, des densités énergétiques. Le passé n'est plus, mais pour qu'il y ait un passé et un futur, il faut une palette de représentations, de quanta, de pré-choix construits, présents. Tous les possibles ne peuvent pas arriver demain. Quelles seront leurs conditionnalités ?

Le réel, c'est le geste, le savoir qui dirige et fait apparaître l'énergie. Le réel, c'est ce qui prend statut pour un temps.

Je dirais qu'il faut que des causes forment une structure de construction du temps et de l'espace, une mise en situation. Toute construction de l'énergie dans un sens est déconstruction dans un autre. Il y a un agencement de multiples systèmes. Pour que l'un se forme, il faut qu'un autre se déconstruise. Avec les mêmes quanta, nous ne nous attendons pas à trouver un chat mort, un canard.

Dans l'indétermination, nous ne pouvons et ne devons pas trancher, nous parlons d'un chat en général, c'est après que nous pensons, est-il mort, vivant, blanc ou roux ?

Nous ne passons pas d'un saut brusque de l'indétermination à la qualification, nous construisons.

Sans cela, que voudrait dire ce hiatus, cette disjonction, y a-t-il eu un jour une telle déchirure du temps ?

MAURIAN

Un seul exemple de brusquerie et de disjonction espace-temps me vient à l'idée : la poussée brutale inflationniste. Un tel phénomène a dû déchirer les relations associatives.

Après, ce sont des scénaristes de films qui ont essayé de penser à travers de violents orages magnétiques, ou des déchirures de trous noirs.

Ça veut dire aussi que l'expérience est réduite à ce que nous y mettons et ce que nous en excluons. Y a-t-il eu des séries de disjonctions temporelles ? Trous noirs et trous de ver ? Notre esprit raisonne selon des visions, des représentations. Nous construisons nos représentations comme un puzzle, un film, des prises de vue disparates puis assemblées. Peut-on aller dans le sens de Barbour : « Le temps qui passe est une illusion. La réalité est une pile de moments, chacun étant une configuration » (page 196 de *La Révolution inachevée* d'Einstein) ? La réalité, l'Univers, n'est qu'une collection de configurations.

Regardons autour de nous. La réalité est plutôt une suite d'instantanés auxquels notre cerveau veut donner un sens. Pour Barbour, vous vivez un moment, puis vous en vivez un autre différent. Tous les moments sont réels. Il n'y a pas de loi. C'est l'enchaînement des moments qui donne l'illusion d'une règle. L'impression que nous vivons dans un flux de temps est une illusion. Certaines personnes n'arrivent pas à relier les suites de visions et de représentations par maladie, mais cette dernière ne révèle-t-elle pas autre chose qu'une désorganisation dans certaines de nos zones du cerveau ?

Dans ces considérations, le déroulement du temps seul n'existe pas.

Notre cerveau, par l'éducation, s'habitue à organiser une suite de sens et de visions, de représentations, sauf la nuit où des rêves les remplacent. Précisément, nous cherchons en ceux-ci une logique.

AUDREY

Mais si tu déduis à partir de ton auteur de référence, Barbour, que le passage du temps est illusoire, tu accordes un rôle prééminent à l'esprit. C'est lui qui agence les films de la vision en fonction d'un sens vital pour lui.

MAURIAN

Notre esprit nous crée une fable sans contradictions, des équations qui n'ont de rapports contraignants qu'avec ce qu'elles discutent de possible et d'impossible et nous y croyons. Les seules vérités sont les causes plus fondamentales qui provoquent ce que nous organisons.

La réalité devient une somme atemporelle de moments.

Pour Lee Smolin, dans la problématique de l'espace-temps, si nous accordons la primauté à l'espace, alors temps et causalité sont effacés. Si nous considérons l'espace comme une illusion, l'espace, et en particulier la théorie de la localité, deviennent illusions ; rien ne demeure et tout change radicalement. Nous avons une autre conception de la réalité. Elle est relationnelle et relativiste. Dans ce cas, elle devient synonyme d'organisation, de configuration. L'Univers est une collection d'assemblages, mais certains sont plus riches en énergies, en connexions susceptibles de retrouver dans notre mémoire des attributs et des épithètes de plus en plus riches. Elles se nomment « capsules temporelles ».

Une nouvelle fois, nous avons des réalités disparates. Nous avons une suite de flashes que nous mettons en ordre pour en chercher un sens. C'est nous qui recherchons le sens du déroulement des enchaînements de ce qui advient devant nos yeux. Des fumerolles surgissent, du soufre, comment, pourquoi ?

La nécessité du sens est un impératif humain. Le sens pour l'Univers, c'est la densité, l'expansion, la complémentarité.

Nous découvrons que l'Univers possède ces chaînes de causalité. Nous lançons notre esprit à leur recherche.

Toute chose devient réalité comme organisation et réorganisation de l'énergie de l'Univers. Ceci reviendrait à isoler des secteurs, à ne plus considérer l'ensemble, mais à essayer d'isoler des parties. Dit autrement, l'Univers ne pense pas.

AUDREY

Onde, particule, quanta, temps, espace sont des énergies. Une goutte d'eau rejaillit au-dessus des vagues. Pourquoi considérer la goutte, la ou les vagues ou la mer ?

La difficulté d'expliquer le rapport de l'onde, des particules, de la théorie de la relativité et donc de l'espace-temps vient de l'impossibilité d'expliquer le rapport des multiples points pris séparément et de la courbure.

Nous pouvons penser que tous les points de vue expriment un angle de l'Univers, mais dès que nous en observons un, nous le sortons de la globalité, nous dessinons les contours du particulier et établissons ses caractéristiques. Perd-il pour autant les propriétés dans lesquelles il baigne ?

Le quanta a donc un double statut.

Notre esprit interprète ainsi le réel.

Essayons de concevoir une réalité en évinçant les mots forces, ondes, quanta et dimensions, particules.

MAURIAN

Essayons de concevoir la voiture sans sièges ou sans route. Les deux sont différents et pourtant liés conceptuellement.

En base, nous sommes tous quanta. Qu'est cet état pour nous ? Un indiscernable.

Espace de combinaisons incessantes, où tout prend la place de tout.

AUDREY

Il fait appel au vide, aux non structurés.

MAURIAN

Qu'importe les quanta, c'est la faculté de combiner à tout moment qui importe.

À ce moment de la théorie quantique, que pouvons-nous faire de ces derniers ? Je peux tout imaginer et construire et c'est bien le problème. Quel rapport entre objets imaginés et réalités ?

Il n'y a pas de quanta vivants ou morts.

Je conçois un chat ou quelques milliards de fonctions en quelques minutes.

J'utilise, pour mes combinaisons, les permutations de l'Univers.

Heureusement que nous ne décortiquons pas les phases.

AUDREY

Pourtant, va parler d'un chat en général. Tu vas cumuler des pages et des pages de descriptions, même contradictoires.

MAURIAN

Là où la science classique dit : « toute cette diversité est régie par une vérité », la théorie quantique répond que la diversité est emportée par l'indiscernabilité finale.

Poussière, tu retourneras à l'indifférence générale.

Il n'y a plus de fondations, les relations structurent les puzzles.

AUDREY

Nous essayons de parler généralité, lois universelles, au niveau minuscule du particulier. Tu produis une inversion épistémologique, tu parles de généralité au niveau des quanta.

Concentration, globalité ou jeu de focale.

On ne peut connaître une réalité que si nous l'isolons.

MAURIAN

Tout est jeu de focale et agencement des Lego. Finalement, la théorie quantique est comme les impressionnistes : à l'aide de taches, elle donne de près un patchwork, de loin un très beau paysage.

Dans les niveaux basaux des vibrations et poussières d'énergie, au niveau de la valse des quanta, au fin fond de nos ignorances, elle dit : « je vous donne les éléments, deux systèmes peuvent les associer, l'Univers et vous, qui en êtes un produit. Construisez à votre tour votre Meccano.

Tout dans votre Univers ne sera que variations de dispositions, d'articulations, d'orientations et de poussières.

Concertez-vous sur les qualificatifs et les attributs, ils ne sont que secondaires. »

AUDREY

À quoi sert de penser à un chat noir, roux, vivant ou mort ? Commencez par savoir ce que vous entendez par chat comme forme d'énergie. Commencez à le définir, comme vous n'êtes pas au bout de vos peines, nous verrons après. Rien qu'en ce domaine, vous ne vous en sortez pas.

Dans la danse des atomes, je ne vois rien d'autre que des poussières d'étincelles.

La différence est le temps, l'entrée en présence, en manifestation concrète, c'est-à-dire en intensité d'énergie, en systèmes composés.

Une explosion nucléaire.

Entrée en manifestation, arrêt sur image. Ce qui se présente, suffisamment en quantité d'animation, est énergétique. Le temps est compression ou libération de champs.

MAURIAN

Puisqu'il risque d'advenir, certains pensent que le possible fait partie du réel, c'est un réel dégradé, non encore achevé. C'est la conjugaison du verbe être.

Il sera, il a été, il va advenir, se déterminer dans des relations strictes, se manifester dans le temps et prendre densité et forme. Les relations vont instruire son être.

AUDREY

Se présenter, c'est prendre contenance. Remplir un espace-temps, c'est cumuler l'énergie.

Le problème est que le niveau atteint de l'expérience est insuffisant et que nous ne sommes jamais pleinement satisfaits du résultat. Pour nous sauver la mise, je ne vois que l'introduction de la densité : est réel ce qui est là, qui est dense devant moi.

La table que j'ai achetée il y a vingt ans existe toujours. Celle avec laquelle j'ai hésité aussi. En revanche, celle que m'avait proposé de construire le menuisier et qui était trop chère, non. Ce futur n'a pas été assemblé.

MAURIAN

Les notions de systèmes, d'équilibres et d'influences ou de perturbations entre systèmes viennent induire et définir ce qui est possible.

Ce qu'il y a actuellement conditionne grandement ce qui va arriver. Si nous considérons le monde physique des planètes, il est régi par la masse et la gravitation. Tous les éléments s'inscrivent dans l'influence des courbures, et donc ce qui va arriver tombe sous les équations.

Les incertitudes apparaissent quand nous arrivons au microcosme, quand les courbures espace-temps n'ont plus d'influence et sont remplies par toutes sortes de captations-répulsions.

Quel nuage d'énergie va apparaître entre telle vitesse et telle densité ?

Ainsi nos niveaux d'interrogations sont tributaires des moyens concentrés.

À chaque niveau, à chaque strate, nous découvrons des « capsules » temporelles de sens.

Dans ce cas, le sens, c'est ce qui s'inscrit dans des lois déductives connues et induites par les niveaux antérieurs. Si j'ai la présence d'A, B, C ou D, je peux raisonnablement en déduire E.

Pour nous, les événements prennent un sens parce que le passé cause les éléments présents, ou induit un formalisme, mais en sommes-nous sûrs ?

Qu'est-ce qui, dans le passé, noue les événements, donne les chaînages ? Nous essayons d'y trouver une logique en y plaçant celle de notre raisonnement.

Encore une fois, quand sommes-nous sûrs que l'histoire que nous inscrivons dans nos livres de sciences et de mathématiques exprime la même chose que le déroulement inconscient de l'Univers ?

AUDREY

Parce que nous pensons quantité, qualité, nombre, distance, vitesse, lumière, énergies, dimensions et que les mathématiques ne symbolisent que leurs rapports.

MAURIAN

Allons plus loin, voyons ce qui préside à ces suites de connexions. Nous disons au début trous noirs ou connexions, c'est-à-dire immense densité qui ralentit le temps. Au début, qu'est-ce qui varie ? Pensons que les photons sont courbés près de certaines étoiles à neutrons. Quelle variable considérer entre la théorie de la relativité et la mécanique quantique ?

L'Univers est l'expression de la densité, donc des vibrations puis du temps. Nous pouvons dire aussi que c'est un champ, un volume qui s'agrandit.

La variable entre une toile immensément plate, sans incidence, et une courbure fermée du trou noir est la densité de la masse. Ce qui n'a pas de masse ne contrarie pas le champ d'Einstein, quoique tout volume plongé dans un liquide déplace celui-ci.

AUDREY

Y a-t-il une existence sans volume, donc sans masse ?

MAURIAN

À quelle extrémité la définir : un volume divisé par un milliard, ou plus ?

Toutes vibrations ouvrent le temps puis l'espace. Qu'est-ce qui a constitué la masse ? La modification de la masse et du temps influe sur la courbure.

Les rapports densité-masse, densité-temps, vitesse et intensité, fréquence des vibrations et température modifient la courbure, la forme de l'espace-temps. Nous passons de la mécanique quantique à la relativité.

La masse du trou noir arrête le temps, mais stoppe la concentration de l'Univers et inverse le mouvement et le temps. C'est ce que dit Einstein quand il dit que l'Univers ne s'est pas ratatiné à zéro.

Le bref moment de renversement représente une force énorme. Ce moment d'inversion est absolument bref.

L'espace est comprimé, que représentent ce niveau, puis l'inversion du mouvement ? La norme de conservation de l'Univers. Nous pourrons imaginer tout ce que nous voulons, il se contraint à cette barre. Ici nous avons une première limite, constante cosmologique.

La compréhension étant mise en ordre des idées, Lee Smolin pense que le cœur du problème réside dans le choix que nous devons opérer : primauté au temps ou à l'espace.

AUDREY

Pourquoi privilégier l'un ou l'autre ?

Quand avons-nous vu qu'ils étaient une illusion, le résultat d'une ignorance des différences et de la constitution des premières énergies ? Quand ils sont le fruit de polarisations-dépolarisations, des réponses à des stimuli traités par notre cerveau.

MAURIAN

Le temps varie dans le vide fondamental comme dans notre structuration alternative conceptuelle. La structure du temps est mise en ordre et en devenir.

AUDREY

Quel ordre ?

MAURIAN

Le temps est d'abord permutation puis mise en connexions efficientes, qui permet à l'Univers de chaîner un maillon de plus, celui des complémentarités.

La science nous dit, dans un sens, que les particules du fond fondamental sont toujours existantes (les particules fictives) et ne disparaissent jamais, et dans l'autre, ce sont des particules qui prendront leur densité par le champ de Higgs. La variable d'ajustement est le temps de prise de densité.

Nous retrouvons toutes les importantes remarques d'Einstein sur la gravité, le rayon et les travaux de Schwarzschild.

Audrey : Quand je regarde mon bras, je ne vois pas cette agitation, donc la réalité. Mais quand j'imagine des points virevoltants non plus. Je ne vois de réalité nulle part.

MAURIAN

Réalité construite par mon cerveau pour sa nécessité vitale.

Notre cerveau, nos yeux n'ont pas cette résolution, nous habillons la réalité.

AUDREY

Les humains se construisent une science, un savoir entre eux. Une fable ?

Quand une onde est émise, elle fait comme quand nous jetons un caillou dans l'eau, elle s'étend jusqu'à ce qu'elle rencontre un obstacle ou disparaisse.

Dans les laboratoires, chambres à bulles et accélérateurs de particules, nous enregistrons des gerbes d'énergie à différents niveaux de puissance.

MAURIAN

Électrons, protons, quarks sont des énergies de différentes densités. Y a-t-il autre chose derrière ? Actuellement, notre limite est celle de la densité et du temps.

AUDREY

Einstein a instauré la théorie de la relativité entraînant des temps et des espaces différents, créant des géométries alternatives, comme Gauss, Riemann.

MAURIAN

Toutes les géométries sont détruites par l'ancrage des relations temporaires.

À la limite, la science des différences commence quand il y a une perturbation, une variation de la surface de la courbure. Tant que la surface est plane, il n'y a pas d'existence. Si nous voulons, la géométrie de la ligne droite n'exprime plus rien. Exister, c'est varier.

Que nous dit Lee Smolin ?

Nous ne pouvons pas maintenir l'idée d'un fond fixe ou absolu non dynamique et non relationnel en guise de fond de l'Univers.

De plus, la mécanique quantique n'est peut-être pas la mécanique ultime, avec ses probabilités.

Si je prends une réalité à l'échelle de Planck, que je la découpe en cinq cents zéros après la virgule, il y a de fortes chances que je me trouve face à mon questionnement.

Je serais heureux de buter sur une réalité. Qu'est-ce qu'un temps aussi divisé ? C'est une relation entre deux énergies.

S'il y avait un fond fixe, ne l'aurions-nous pas découvert ? (Lee Smolin : « *La relativité générale dégèle la géométrie en la rendant dynamique* », page 223.)

L'étude du fond non visible de l'Univers semble montrer que nous découvrons des filaments de matières noires dynamiques s'agençant et que notre énergie s'amalgame ou se constitue autour.

Cette matière noire possède-t-elle ses lois et ses états ? Y aurait-il un Univers symétrique noir ?

AUDREY

Attitude qui me fait me mettre en colère. Il y a toujours quelque chose d'autre quand nous arrivons à toucher du bout des doigts une réalité. Penses-tu que le raisonnement, le questionnement s'arrêtera ?

Pour moi, un monde sans questions représenterait la mort, un monde figé. Qu'est-ce qu'un esprit qui ne se pose plus de questions ?

En résumé, l'Univers est sa propre limite qui s'expanse et se recycle. Il n'y a pas de position privilégiée à partir de laquelle nous pourrions le contempler. Pire encore, le concevoir dans sa totalité est une impossibilité.

Il faudrait que nous soyons au-dehors, donc hors temps !

MAURIAN

Les notions de tout et de parties sont des résumés de raisonnements, des essais de synthèses comme objets de réflexion, elles se décentrent, s'annulent et se remplacent. Dans l'Univers, seules les strates s'appuient les unes sur les autres. L'expansion ne nous prévient pas de ce qu'elle prend pour agencer.

Si je comprends bien, Einstein, de Broglie, Schrödinger montrent la route à la suite des philosophes Leibniz et Kant. Il n'y a de vrai que le dynamisme, les transitions, comme relations. Les seules catégories qui existent sont les lois dynamiques relationnelles.

Qu'est-ce qui n'est pas connectable ? Au niveau des quanta, partout, nous n'avons que des rapports de temps entre les énergies.

1) Changement de modèle, formalisme et temporalité

MAURIAN

La réalité que nous cherchons est aléatoire. Pourquoi vouloir en faire une certitude ?

AUDREY

Au moment où l'Univers a rebondi, y a-t-il eu une vérité ?

Tu pourras toujours choisir des moments comme privilégiés et je pense que toutes les théories ne sont que des moments de mise en forme pour intellectualisations. Les théories, les réalités sont toutes relatives les unes aux autres, à quelques référentiels choisis.

MAURIAN

Les scientifiques ne disent-ils pas que toute science doit être critiquable, remise en question ?

Nous devons définir nos niveaux de raisonnement. Kant disait : « prolégomènes à de nouveaux principes... Les impératifs catégoriques se modifient et sont relatifs. Le relationnisme et la complémentarité, les relations dynamiques, les causalités dynamiques » prennent le relais.

La raison pratique dans sa logique reprend la raison pure et les catégories ontologiques deviennent, dans le champ fondamental de l'Univers et de l'être, la trame causale et chaînante des variations du temps.

Par-delà les apparences et les représentations, considérons les causes relationnelles premières. Comment ces phénomènes s'amoncellent-ils ? Quittons la superficialité pour les interrelations à l'œuvre dans les tréfonds invisibles.

L'Être n'est plus un état qui demeure, mais qui passe : il se définit par ses transformations et relations.

Audrey

De transformation en transformation, nous ne voyons pas de fin et en plus, il se reprend. Est-ce l'Être qui crée le temps où celui-ci qui manipule l'Être ?

Maurian

La question est importante. Sans aller chercher des termes techniques philosophiques ou ontologiques, il faut que quelque chose existe pour manifester une influence. Disons pour le moment que ce qui exerce les variables du temps comme son existence, sans quoi il n'y aurait pas de dynamiques, de devenirs, ni de transformations, est premier. Nous pouvons penser que ce sont les variations, les vibrations qui créent les différentes temporalités de l'existence. Celles-ci ne peuvent pas s'exercer sur rien et comme le disent les philosophes et la science, il y a bien une existence pour que l'énergie puisse se matérialiser dans la temporalité et la densité. Ontologie pour les uns, rebond pour les autres qui ont leurs suffisances explicatives.

Nous verrons cela dans le troisième volet de *Questions fondamentales.*

Reprends ce que nous avons dit sur la multiplication, la division et l'alternance, je ne pense pas laisser trop de données au hasard.

L'énergie s'étale, se noue, se divise et se structure, se trame et se détrame.

Nos réflexions ne sont que des étiquettes que nous plaçons au moment où nous comprenons le plus et le mieux pour relancer nos réflexions et que nous stockons dans nos bibliothèques.

C'est la réussite des raisonnements de Mack, Leibniz, Kant et Einstein : enrichir les hypothèses sans placer d'impossibles absolus.

AUDREY

Où est la science si tout est relatif ?

MAURIAN

Chaque partie se définit par ses entourages. Ainsi, si nous « enlevons toute conception de fond ; toutes les "propriétés" ne sont que relatives » (Lee Smolin).

AUDREY

Ce que nous cherchons ne sont que des propriétés, des qualificatifs ! C'est ce qui explique l'impossibilité de définir un prétendu début ou Être, retour du quantique. Moi, je veux du réel, du concret, du sûr ! Manque de chance.

MAURIAN

Imagine donc la traduction mathématique ou mentale de l'ensemble.

La science prend ainsi la tournure suivante : en fonction de telle ou telle loi, nous pouvons penser ceci, mais ce n'est pas définitif.

Il faut imaginer des points en mouvement, qui sauteraient en de multiples endroits, un grouillement apparemment sans sens.

Comment mathématiser cela ?

Alors nous éloignons la focale, l'échelle, et parlons de cause globale. Plus les combinaisons s'accroissent, plus l'Univers enfle, plus les éléments découlent les uns des autres, nos perceptions cherchent les précédentes. Les chaînages dans les dimensions nous jouent des tours.

AUDREY

Notre ignorance demeure, mais elle se satisfait d'ancrages relationnels temporaires.

Face à elle, il y a des symétries réelles ou inversées du miroir, et les notions d'équilibre des systèmes.

MAURIAN

Et s'il y avait encore derrière des causes ? Il n'y a de symétrie que si une métrique et des systèmes sont posés et constitués en fonction d'un fond. Tout système tend à consommer de l'énergie, donc à s'appauvrir, à se fondre dans d'autres. Un système qui pivote dans l'espace et le temps n'exprime qu'un moment relatif à un référent et à lui-même.

Ainsi, les symétries figées ne sont que des états temporaires d'équilibre, sauf si elles entretiennent le moyen de se rééquilibrer.

AUDREY

Seul l'Univers apparaît comme équilibré, tous les systèmes en lui sont en déséquilibre.

Cette conservation ne se produit que si l'Univers est sa propre limite, un système clos sur lui-même.

À quelles conditions l'Univers peut-il perdre son énergie et ne pas la reconstituer ?

Rien ne dit que les échanges, les rebonds futurs consommeront toute l'énergie. Que deviendrait l'énergie résiduelle : une énergie sombre, noire, de liaison ?

Peut-être que les différentes énergies sont les différentes traces des rebonds laissés de côté par le nouveau.

MAURIAN

Rappelons qu'il n'y a rien en dehors de l'Univers. Où irait son énergie ? Même si nous concevons d'autres énergies, il faut en dernier recours que les différentes formes d'énergie redonnent celle de notre Univers dans une alternance, sinon il n'y aurait pas conservation.

Nous passons notre temps à dire qu'il n'y a pas d'absolu, donc tout est tributaire de relations et de moments d'un champ gigantesque.

Selon Leibniz et Lee Smolin, le principe de raison suffisante nous ouvre un Univers rationnel où rien ne peut rester inexpliqué.

Les théories de la relativité restreinte puis générale, la théorie quantique, la théorie de l'onde pilote, la théorie des cordes marquent toutes l'une vis-à-vis des autres des avancées, jusqu'à ce qu'elles se heurtent à des incohérences.

AUDREY

Nous remplaçons notre doute, notre ignorance, nous densifions notre perception par une quantité au début abstraite. Telle énergie se manifeste un millionième de seconde, je regarde mon catalogue, c'est donc x ou y.

J'agence des phénomes. Pour Lee Smolin, le temps et l'espace ne peuvent être mis sur un pied d'égalité. L'un doit être contingent par rapport à l'autre. Si l'espace permet les accumulations, le temps conditionne les relations qui doivent auparavant se nouer.

MAURIAN

Nos théories sont de petites zones qui en désignent d'autres.

La seule réponse que je vois est celle de Kant. Les parties forment le tout qui les reflète, mais il est transcendé par elles. Le moteur de la transformation est la densité.

Le tout est exprimé et tributaire des parties qui le composent selon leurs transformations.

Mon interrogation va prendre du temps. Les différences, les ressemblances, les concentrations ; tout ceci est déjà du ressort de l'analyse.

AUDREY

Il y a quelque chose qui ne va pas. Cela veut dire qu'au bout du bout, tous les humains sont créés à partir des mêmes quanta, des mêmes variations de temps.

Et ils se battent en plus dans un lieu que le temps a créé comme espace et qu'ils menacent par leur ignorance et leurs actions.

MAURIAN

Tu viens de comprendre que la connaissance fondamentale a un rôle important à jouer malgré tout ce qu'on peut en dire.

Réfléchis donc ! Que sommes-nous au niveau de nos constituants, Lego, quanta d'énergie, et qu'est-ce qui nous singularise comme tels ?

Au début, nous partageons le même non-lieu quantique.

Puis des lieux qui sont des variations de champ, l'Univers, la Terre, ton corps. Regarde, « énergie tu es, énergie tu redeviendras », système de quanta indéterminés tu es et tu redeviendras.

Nous aussi, nous serons recyclés.

Nous voyons bien que nous avons un problème avec l'espace et le temps, avec nos relations profondes.

Nous montons un moteur, toutes les pièces ne possèdent pas le même temps, mais elles vont prendre celui de l'ensemble. Des quanta différents, mais les mêmes pour tous, avec leurs mises en systèmes.

Que pense-t-on quand nous considérons la totalité ?

Quelles relations, dépendances lient les parties entre elles ?

Lee Smolin désaccouple l'espace-temps. En faisant que l'espace soit émergent et le temps primordial, il résout le conflit EPR.

Pour simplifier notre compréhension, voyons ce que les physiciens appellent « ce problème avec les inégalités de Bell ».

AUDREY

Par le principe de séparabilité dit de localité, deux objets distants ne peuvent avoir instantanément d'action à distance. Tout signal allant de l'un vers l'autre ne pourra en aucun cas dépasser la vitesse de la lumière et donc mettra un certain temps à parcourir la distance les séparant. L'immédiateté n'existe pas.

Voilà une bonne logique, opposable à tout contradicteur, qui ne se contredit pas et pourtant qui est fausse.

MAURIAN

Tu vois pourquoi il fallait interroger la logique mathématique, mais est-elle vraie ?

AUDREY

Deux objets intriqués séparés au-delà de n'importe quelle distance restent connectés.

Nous avons bien dit deux objets intriqués, ou provenant d'une même cellule mère.

Si l'expérience dicte un comportement à l'un, l'autre continue à réagir.

Le principe d'instantanéité contredit la causalité et le calcul logique de la relativité.

Pour Lee Smolin, il n'y a pas de communication sans cause ni signal et sans considération de temps, sauf si elle est associée à l'origine, en relation et donc temporelle.

La question qui repose sur ces principes est celle de l'existence du monde extérieur de Bohr, mais surtout celle du temps. Il n'y a pas d'Univers sans relations multiples et multiformes.

MAURIAN

À un certain niveau, le temps ne joue plus.

Y aurait-il dans notre réalité des principes qui ne se voient pas immédiatement, l'un global et l'un pour les parties ?

Autrement dit, dans mon esprit, il existe un raisonnement qui me dit que toute communication obéit au temps et à la vitesse de la lumière, et à côté qu'il existe une autre loi de communicabilité instantanée pour le tout. Le tout est lié.

AUDREY

Ce n'est pas la peine d'hésiter, le référent, c'est le réel.

Quel rapport d'échelle, de focale y a-t-il quand on déconstruit ou joue avec le temps ?

Tu vois pourquoi j'avais laissé de côté cette interrogation, qui se résout par des connexions causales.

Par là, l'argument EPR est résolu.

Comment comprendre le rapport relativité et théorie quantique ?

MAURIAN

La relativité est elle-même dépendante du temps et de la densité, elle se modifie, allant d'un immense champ linéaire et identique à lui-même jusqu'à des conflits de vibrations minuscules. La relation institutionnelle prime comme information contenue dans l'énergie.

Des voix se sont élevées pour dire que si l'on en isole une et si elles sont proches au départ l'une de l'autre, l'autre est automatiquement jumelée et conditionnée. De toute façon, elles partagent une information unique et opposée.

Alors des chercheurs ont eu l'idée de considérer deux signaux de deux étoiles distantes de cinq cents millions d'années-lumière et ont remarqué l'inversion de leurs signaux en fonction du changement de configuration.

Étant donné l'époque lointaine et la technique sur Terre en ce temps-là, il était impossible qu'un message avec une technique géniale ait pu traverser la galaxie.

Bell énonce qu'il voulait montrer d'une manière indubitable un comportement réel et LOGIQUE de la matière, non un caractère particulier.

À la suite d'expériences, les résultats donnèrent raison à la théorie quantique, mais Einstein n'avait-il pas dit que les deux particules étaient antérieurement initiées ?

Entendons-nous bien, ce dernier ne remet pas en question les calculs ni la portée de la mécanique quantique, mais les points de vue de son explication. Pour Einstein, nous travaillons le réel à travers une géométrie gravitationnelle issue de notre raison. Pour N. Bohr, nous n'avons accès qu'à nos représentations, nos réflexions à propos de la réalité physique. Pour la théorie quantique moderne, nous avons accès au niveau fondamental, où l'indifférence quantique règne.

Se pourrait-il que le formalisme du réel et du raisonnement se soit inversé pour nos deux auteurs ?

Le réel est ce qui s'impose même si nous rencontrons des difficultés à l'expliquer et si c'est nous qui le construisons. Le formalisme, le sens profond sous-jacent que l'on croyait réel, est en vérité celui de nos raisonnements comme celui de notre logique dans la quête de ce que l'on croit et veut désigner comme réel.

Or le formalisme nous conduit à quelque chose d'illogique ou, comme Leonard Susskind le dit, de « contre-intuitif » pour notre compréhension, mais qui est physiquement réel, donc qui nous ouvre un autre mode de réalité.

La théorie quantique consacre et rencontre un autre monde que les scientifiques ont des difficultés à imaginer.

La réalité quantique possède son formalisme.

Les statues que l'on croyait éternelles ne le sont que d'apparence, comme la peau de ma main, statues et mains sont animées de vibrations.

Si nous voulons comprendre, changeons de modèle et de raisonnement.

Ainsi, la théorie de la relativité tendrait à tirer des conclusions logiques entre géométrie, mathématique et énergie. La théorie quantique ne considère l'espace que comme intrication, superposition, indiscernabilité, c'est-à-dire dynamique, aléatoire, collection de quanta et de différences furtives, donc combinatoires. Un objet qui peut être et ne pas être, prend toutes les formes, est un objet qui en soi n'est pas réel dans le sens de statufié, comme posé là, devant nous, il n'est pas parce que l'espace n'existe pas, il est construit.

Quand nous disons qu'il est et n'est pas, qu'il prend toutes les formes possibles (toutes les connexions relatives environnantes), sommes-nous si loin de la définition de l'espace-temps d'Einstein, pour qui tous les points ont un espace et un temps différents et équivalents ?

Thermodynamique et gravitation se jouent des relations logiques.

Dans les relations, le tramage s'effectue dans tous les sens.

Pour N. Bohr, notre connaissance désigne une réalité conceptuelle construite que je ne connaîtrai qu'au travers de mes représentations. Leur logique prime. Pour Einstein, mes idées et mes représentations me renvoient à cette réalité physique que je peux connaître.

La question porte sur les chaînages, non sur les différences.

Les oppositions entre Bohr et Einstein se résument en deux réflexions. Je me retourne, la Lune n'existe peut-être plus, car son signal met plusieurs secondes à me parvenir. À ceci Einstein répond : « J'aime à considérer que même quand je ne la regarde pas, la Lune existe toujours. »

Qu'est-ce qui aurait fait changer la nature des relations constitutives ?

Leur différence provient de deux points de vue épistémologiques : au fond, qui et comment se construit ce que je pense comme le réel ?

Mieux ou pire, la théorie quantique énonce que la fonction d'onde des spins ne renseigne en rien sur la nature et l'orientation de ceux-ci tant qu'une première mesure n'a pas été faite. C'est la première mesure (connaissance) qui va donner l'orientation du spin et donc déterminer ipso facto l'orientation de la seconde.

AUDREY
Réel construit, contre-intuitif ?

MAURIAN

Si nous précisons que pour les spins, rotation des particules sur elles-mêmes, elles agissent selon deux directions, haute et basse, droite et gauche, deux particules intriquées vont agir en inversion l'une de l'autre et changer ensemble. Si l'une prend une direction « haut, gauche », l'autre prendra automatiquement la direction inverse « bas, droite ».

AUDREY

Résumons-nous. Si nous donnons à un sujet qui a les yeux fermés une boule rouge et à un autre à qui l'on bande les yeux une boule noire et qu'on les envoie à l'opposé de l'Univers sans communication, si nous les interrogeons en leur expliquant que leurs couleurs sont en opposition, noire ou rouge, quand ils vont ouvrir les yeux, les deux sauront quelle boule possède l'autre.

MAURIAN

Si une particule doit être l'opposée de l'autre partout où elle est, elle pourra « connaître » la couleur de l'autre.

AUDREY

Je pense à ce que tu disais sur Bohr qui appelait à une nouvelle philosophie. Quand l'Univers a construit des relations, elles sont concordance des temps, toujours vraies dans leurs conditions. Il en va des relations constitutives de l'Univers. Si elles sont définies d'une manière, elles le demeurent à jamais hors du temps et de l'espace. Les relations du tout l'emportent sur tout autre. Si nous trouvons du chlorure, de l'hydrogène, ils seront définis comme chlorure ou hydrogène partout. Disons que même si l'Univers est divisé en deux mondes, l'orientation de leurs modes demeure. Un mode fondamental est un mode de contingences.

Maurian

Pire encore, si nous isolons deux personnages face à deux boîtes qui contiennent des boules différentes, en leur donnant des consignes précises sur l'ordre d'une série de couleurs, et que nous leur donnons les relations des couleurs, ils connaîtront l'un et l'autre ce que possède l'autre, même distants dans l'Univers.

Ce sont donc les relations, les ordres et les consignes des relations qui importent et qui deviennent causaux.

Souvenons-nous de la généalogie. Si A est né avant B et C avant D et si vous allez vous envoler à l'autre bout de l'Univers, les relations demeureront. Si pour une personne, vous créez des relations entre des boules rouges, jaunes, vertes et bleues et si vous expliquez à une autre personne des inversions dans ces relations, quels que soient les distances et les choix, ces relations s'inverseront ou demeureront.

Toute personne arrive à trouver l'ordre des boules.

Il n'y a aucune communication entre elles. Les seules consignes sont les ordres de répartition.

Audrey

Tu disais tout à l'heure qu'il y avait un changement de considérations à apporter. Considérons que dans l'espace, il n'y a pas de droite, de gauche, de bas ni de haut, ni même de rouge, de noir, de jaune ni de vert, il n'y a que des fréquences différentes que nos instruments et notre cerveau traduisent en couleurs, donc instruisent un ordre des choses.

MAURIAN

C'est ce que l'on appelle la thèse des variables cachées.

AUDREY

En somme, pour le moment, l'Univers nous restitue en proportion de ce que nous posons comme questions. Par bombardements, éclatements, rayons, cibles, il nous répond en densité, fréquences, température, orientations, transmissions, instantanéité. Nous trouvons des bribes de raisonnements et nous en cherchons la traduction logique.

L'Univers ne joue pas, ne raisonne pas, il varie, c'est le terrain des relations que nous essayons de chaîner quand nous posons les bonnes questions.

Que je prenne deux électrons ou quatre ou six boules et que je fasse deux séries ordonnées, si je donne les bonnes consignes, la communication s'établira.

Si l'espace est émergent, la localité aussi.

MAURIAN

C'est ainsi qu'il faut comprendre et expliquer l'intrication. Sans espace ou dans un espace nul, le temps est nul, le message est immédiat.

Ce qui est créé comme relationnel par l'Univers le reste, quelle que soit la distance d'instauration du temps.

Nous concevons une pluralité de variations, de causes.

Nous raisonnons tous en termes d'expériences et de considérations actuelles de l'Univers. Nous avons du mal à considérer les temps primitifs. Dans ce champ égal à lui-même, énergie et information étaient une même propriété. Pour combien de temps ?

AUDREY

Tous les éléments issus de ce temps gardent leurs propriétés en gagnant celles de leurs transformations.

Elles ont toutes un lien dans la création.

Ainsi, tous les moments résument l'ensemble des variations précédentes ou voisines. Pourquoi se focaliser sur une localité alors que chaque partie n'est qu'une expression de plusieurs compositions et d'un tout ?

MAURIAN

Parce que la théorie de la relativité ne mentionne pas ce que produisent la plus petite et la plus grande masse.

Contrairement à Einstein qui faisait de l'espace-temps deux complémentaires associés, Lee Smolin en fait deux opposés complémentaires. Pour être deux, il faut être séparés, mais l'un à côté de l'autre. Le temps est liant, l'espace est passif. Deux points l'un à côté de l'autre partagent la même réalité. Dynamisme et communication sont-ils opposables arithmétiquement, quantiquement ?

Tous les points de vue sont des résumés les uns des autres, car sans les précédents, ils n'existeraient pas, même pour le futur. En ce domaine, les phases d'événements sont reliées. Lee Smolin reprend une métaphore. Nous pouvons voir une ville sous une multitude d'angles et avoir mille visions et points de vue différents, mais ce sont tous des points de vue de cette ville-là que nous considérons et elle est la somme de tous les points de vue et informations. Encore une fois, nous exprimons des complémentarités.

La réalité de la ville est ce cumul ; la relativité, la relation des parties travaillent comme causes.

AUDREY

Quand deux personnes se rapprochent épaule contre épaule, leurs visions vont se rapprocher et gommer les différences.

Je vois ici deux conséquences : un grand amas d'atomes va avoir une grande quantité de relations, alors nous passons à la globalité.

Mais plusieurs moyens peuvent avoir des relations identiques ou proches et lier dans l'Univers des corrélations semblables ou voisines, c'est ce que nous voulons exprimer quand nous parlons de localité d'espace et de temps. Mais aussi, la probabilité augmente ou diminue en fonction du rapprochement de nos points de vue et donc de nos positions dans le temps puis dans l'espace. Mais nous voyons que les deux changent de rôle et de sens. Le temps et l'espace deviennent relation et éloignement, assimilent ce qui s'est passé au début de l'Univers, différence et séparation, cumul et assimilation. La théorie de l'information se satisfait-elle de celle de l'élastique ? Oui pour les quarks et l'énergie.

Quand l'Univers cumule, disparaissent les détails et parties. Une clôture d'un jardin avec des voisins établit une limite, une interdiction, mais aussi une relation, vous pouvez vous parler, chacun sait que l'autre est là.

La vision globale en appelle à l'appartenance, les parties à la relation.

Prenons un point et traçons passant par lui dix lignes puis cent ou mille. Nous définissons une région constituée de relations des lignes entre elles en ce point.

Les atomes « aux points de vue similaires », aux configurations proches parce que leur degré de liberté est restreint, fondent des interactions locales, des angles similaires. Les atomes figés dans des conditions de température et d'électromagnétisme particulières peuvent écrire une information lettrée.

Coordonnées instaurées, figées.

MAURIAN

Chocs et contre-chocs, échanges d'énergie, conservent la masse.

Lee Smolin se pose la question : que voulons-nous dire quand nous disons que les interactions sont locales ?

AUDREY

C'est le cumul des lignes en un point.

Deux êtres à côté l'un de l'autre ont des points de vue très proches. Les interactions augmentent en fonction de la proximité. La grande proximité crée l'intrication. Ainsi, la similarité augmente ou diminue avec le rapprochement des différences, la proximité des points de vue. Nous avons déjà une proximité institutionnalisée, c'est l'espace-temps.

Nous sommes de Toulouse, nous avons grandi dans le même quartier, nous sommes allés à la même école, nous avons eu les mêmes professeurs, nous avons partagé presque tous nos week-ends.

Dans ce cas, que représentent les localités si tout est connexion, information à un certain niveau ? Des surlignages, des épaisseurs d'énergies, des éclairages et des strates qui se touchent.

Même si des ensembles s'éloignent, ils entretiennent des échanges, un partage de l'information. Nous avons vu dans la théorie des cordes que les formes peuvent avoir des dessins très différents du moment que le nombre de trous demeure.

L'élément déclenchant est l'intensité de la vibration, donc le temps.

MAURIAN

Dans le vide, les formes importent peu. Ce sont leurs structurations internes qui importent et dictent les échanges des états, la circulation d'énergie, les flux d'informations.

Le tréfonds de l'Univers est échange d'énergie, des flux d'informations contigus et variés.

La contiguïté des points de vue entraîne, fonde la base de la théorie quantique informatique pour Lee Smolin.

Quand une variation se produit, elle se répercute dans l'Univers.

Einstein n'avait-il pas trouvé dans ses équations que les fluctuations d'espace pouvaient être reliées par des trous de ver, correspondances possédant d'autres propriétés ?

AUDREY

La relativité considère l'effet de masse géométrique comme énergie, la théorie quantique parle de points superposables dans leur indifférence quantique. Elle associe tous les points comme similaires. Je comprends que tu dessines des points les uns à côté des autres, les premiers sont contigus et se touchent, mais les derniers, même par relations, sont éloignés.

MAURIAN

Souviens-toi du tableau à double entrée : ils sont éloignés, mais tous joints et donc entretiennent des effets et préparent dans leurs niveaux causaux toutes les conséquences des enchaînements.

AUDREY

Proximité et relations, c'est la distribution, la répartition de la même information de la partie au tout, enrichie de ce qu'elle capte aux différents niveaux.

MAURIAN

L'histoire de l'Univers nous apprend qu'une même information, donc l'énergie, peut s'étaler ou se comprimer et marquer des temps et espaces différents, même enrichie de complexités.

AUDREY

Qu'elle exprime du fer, du manganèse ou de l'or, c'est toujours la même énergie.

Les indiscernabilités proviendraient du fait que l'on ne peut pas suivre tous les systèmes jusqu'à leur conversion ultime. De plus, que représente cette dernière ?

Nous pouvons affirmer que tout l'Univers a partagé au moins deux informations, celle d'avant la lumière et celle d'après.

Résumons-nous. Banalement ! Toutes les particules sont fictives et prennent différences et significations par la variation de densité.

Dans la dégradation de la température, les vibrations acquièrent des propriétés physiques différentes. Nous passons de l'indiscernabilité aux différences. Elles constituent toute chose : sodium, calcium, phosphate, ions, neutrons, protons.

Nous-mêmes, que sommes-nous si ce n'est qu'un groupe de particules puis de gènes et de cellules ?

MAURIAN

Un atome, un électron sont simples à décrire pour Lee Smolin parce qu'ils ont peu de liberté dans leurs configurations.

A contrario, les chats, les humains sont des systèmes complexes avec d'énormes configurations, recelant un maximum d'informations, étant difficilement quantifiables.

Pour le décentrement effectué sur le sens du temps et de l'espace, Lee Smolin énonce une théorie qu'il annonce comme nouvelle et, comme telle, il pense qu'elle est fausse dans le sens de partielle, car elle s'appuie sur le fait que tout système ayant une multitude de copies est forcément quantique.

Nous disposons de systèmes de copies proches. Le nombre induit la richesse et la liberté de l'information.

AUDREY

Si nous remontons dans le cône de présentation des événements, les informations se multiplient, mais sont proches et partent du temps furtif.

Le temps comme relation devient synonyme de contacts multiples entre copies. Il noue un partage global d'informations. Quelque chose dans lequel circulent plusieurs flux d'informations. Trop d'informations brouillent le message primaire.

Mais s'ouvre alors une réflexion sur la durée, la qualité et la quantité de l'information dans et par le temps.

Toute information quantique est relationnelle dans l'étendue et prend des chemins de chaînages différents.

Aléatoire, change de sens, ne signifie plus hasardeux, inconnu, chaotique, mais relationnel qui s'interchange, qui ramifie, donc une information permanente qui se produit car elle peut se structurer.

La notion de système vient supplanter les définitions de relation et de spatialité.

Ce qu'on appelle système est précisément ce qui instaure une grande quantité de relations et de dépendances, des points de vue de proximité qui sont autant de communications.

MAURIAN

Un système, c'est un ensemble de relations complémentaires et dépendantes informationnelles.

Un système météo, un système humain.

Nous disons relations, mais ça peut être une simple attirance entre un plus et un moins, des forces classiques.

À l'intérieur d'un système, un élément ou plusieurs peuvent attirer plusieurs amalgames, changeant la morphologie de ce dernier. La similitude des points de vue se distribue en tous sens, en respectant la contiguïté des points. Cette création satisfait deux principes : la complémentarité et le dynamisme.

Le temps devient le trait d'union entre tous les objets. Il explique la communication quantique, car c'est lui qui forme les énergies.

AUDREY

Einstein l'avait dit, mais non développé.

L'espace-temps est ce qui constitue tous les objets comme énergie et ce qui les relie par le fait qu'ils sont tous à l'intérieur et dépendants de celui-ci.

Je pense que le nœud est là. Théorie de la relativité, les quanta aléatoires et relations quantiques ne s'opposent pas. Ce sont des moments en fonction du temps, des relations, le chaotique s'organise. Notre histoire est celle de fragments qui ont été compressés puis disjoints, donc d'une pâte travaillée ou maltraitée, mais qui a établi ses relations fondamentales sous-jacentes.

Ce que nous appelons Univers est variations de combinaisons, variations d'articulations, variations de dispositions des quanta. Tous les phénomènes s'organisent en fonction des densités, des températures, des compléments.

MAURIAN

Si nous considérons la totalité, nous perdons le temps. Si nous considérons le devenir dans l'Univers, nous n'avons que des variations de relations. Ces relations peuvent être des attirances de charges, de masse, mais aussi se transformer par la nature des combinaisons.

Les notions de systèmes dynamiques et même relationnels dynamiques sont remplacées par les notions d'ordonnancement et d'équilibre, qui ne sont que temporaires. Quand Einstein disait que son espace-temps était dynamique, comment penser le dynamisme des formes de l'espace-temps ? Pour lui, l'espace-temps constituait les objets et les réalités, ici, les structurations de temps constituent les causes de la distribution des énergies et des formes de l'espace.

Mais, à ce prix-là, la Masse s'exerce pendant que ses constituants comme grains ne cessent de danser.

À la limite, nous remplaçons la définition des milliards de quanta par la masse qu'ils représentent.

Nous passons directement à l'effet géométrique, non à la constitution de la masse.

AUDREY

En somme, tu me dis que nous nous centrons sur un monde descriptif alors que nous aurions pu décrire un monde d'actions, un Univers se transformant en un monde d'Héraclite non institué.

Sous le mouvement des événements, il y a celui des causes à décrire et les associations des quanta.

Irions-nous jusqu'à dire que bon nombre de visions sont parasites vis-à-vis d'autres fondamentales ? Les lois fondamentales dictent à la configuration spatiale ses dispositions et orientations, ses connexions produites par ses affinités, ses variations.

Un système se forme, capte des quanta.

MAURIAN

Nous nous sommes laissé jouer par le superficiel et avons oublié le fondamental.

La connaissance de l'Univers et l'élaboration de ta santé sont au tréfonds de l'organisation de l'énergie, au niveau causal et dignes d'être connues.

Le fond de ma pensée est que le Vivant n'a pas créé de principes dans l'Univers, il s'y adapte en les employant.

Les désordres quantiques ne sont qu'apparents et expriment la richesse des relations.

Les différentes relations géométriques sont remplacées par des équations « systémales ».

Orienter, disposer dans l'espace n'est qu'une représentation pour un esprit qui pense abscisse verticale et horizontale, schématisation qui n'a aucun cours dans l'espace.

Système dans l'espace est remplacé par impulsion, augmenter ou diminuer sa vitesse, donc accroître ou perdre son énergie.

AUDREY

Maintenant, les grandes lois de l'Univers ont changé en compositions de temps.

MAURIAN

Là, il faut faire plusieurs remarques.

Les lois régissant les quanta forment le temps. Elles expriment des chaînages qui s'annulent et se reprennent sans cesse.

La relation prend la place du temps, les liaisons celle de l'espace.

Dans la plus petite surface concevable, quelle est la plus petite quantité d'énergie et d'information que l'on peut placer ?

Ce taux ne peut dépasser la surface exprimée en unité de Planck.

L'influence d'une masse volumique ou de vortex, c'est l'énonciation du principe holographique.

Nous avons plusieurs notions qui convergent.

Quel rapport y a-t-il entre la plus petite information contenue dans le plus petit espace et l'émergence de la nouvelle structuration énergétique ?

Les quanta en présence expriment une quantité maximum d'information dans un minimum d'espace.

Nœud relationnel et informatique dans le plus petit quantum énergétique. Nous avons donc une relation très stricte entre la plus petite quantité d'énergie à agglutiner et l'information à y inscrire, mais aussi à faire rentrer dans toute composition d'éléments et de systèmes. Combien un système donné peut-il amalgamer d'informations ?

Quelle plus grande quantité d'information peut-on faire rentrer dans la plus petite unité de temps ?

C'est aussi la question du gène et du microprocesseur.

Dans la mesure où la relativité stipule l'égalité de l'énergie et de l'impulsion, nous pouvons croire à l'expression de lois fondamentales dans les structures profondes de l'énergie et de l'information.

Les variations de densité et de température produisent les conditions causales qui inaugurent le temps.

AUDREY

Ainsi, avant l'espace-temps, il y a les relations quantiques.

MAURIAN

Si nous voulons dire quelque chose de l'Univers, il nous faut trouver comment s'agencent et se nouent les relations quantiques.

AUDREY

Les chocs et contre-chocs, les vibrations ont un sens causal fondamental. Ce sont tous des moments énergétiques.

Les éléments sont proportionnels aux vibrations.

MAURIAN

Les variétés de vibrations créent les moments.

Dans la mesure où l'énergie ne se crée pas et ne disparaît pas, tous les quanta sont indifférents à nos considérations (vivants, morts, blancs ou gris).

AUDREY

Si je comprends bien, nous pouvons presque dire que les lois fondamentales sont aveugles, indifférentes, elles n'ont personne à qui rendre compte, elles sont chocs et contre-chocs, associations et désassociations, mais de ces dernières jaillissent les premières liaisons et informations organisées.

MAURIAN

La thermodynamique a un rôle fondamental.

Nous remontons d'un ou deux crans.

Quand nous voyons une faille, c'est une information.

Finalement, ne sont visibles que les concentrations de vibrations et les réactions de relations qui forment et déforment les variations d'énergie, donc l'information comme chaînages.

Finalement, nous ne pouvons pas parler d'un élément sans expliquer sa totale provenance, l'ensemble de ses causes.

AUDREY

Si nous inversons le sens de l'Univers dans un miroir, nous inversons le sens du cône d'expansion, non du mouvement indifférent du fond quantique.

MAURIAN

Au niveau fondamental, il n'y a pas de sens. Nous avons l'énergie et l'impulsion.

La thermodynamique tisse et forme la structure de l'énergie.

Elle influe sur les amalgames.

AUDREY

Mais au bout, quand il n'y aura plus aucune relation entre les systèmes ?

MAURIAN

L'énergie et l'impulsion sont les causes discrètes de toutes les causes des disjonctions et des chaînages des phénomènes énergétiques. Quand il n'y aura plus aucune relation entre tous les astres et les systèmes, c'est la gravitation générale qui s'exprimera.

AUDREY

Tu parlais auparavant de Leibniz, philosophe des relations. Les relations causales dans les densités et les impulsions façonnent les énergies.

Les impulsions sont issues des vibrations du fond quantique.

Si nous suivons la science, l'espace-temps est une toile sur laquelle jouent les masses. Au bout, ces dernières n'influent plus sur elle, la gravitation reprend ses droits. L'Univers est comme les quarks qui s'épuisent en s'éloignant et se rapprochent à nouveau en se rechargeant. Il faut aussi y voir le principe d'équivalence, la force centrifuge et centripète. Plus un disque tourne vite, plus il attire au centre les objets, mais éjecte les externes à sa circonférence, au bout, le trou noir aspire tout.

Quelle compression peut-on atteindre selon nos moyens ?

MAURIAN

Au début, nous partons d'une boule de pâte qui s'est réchauffée à mesure de la compression. L'inversion du temps, c'est celle de la gravitation et du rebond.

AUDREY

Mais elle s'inverse deux fois : une dans l'infiniment petit, l'autre dans l'infiniment grand. De plus, c'est peut-être le second ou le dixième rebond ? Combien y a-t-il eu de rebonds ?

Au plus petit niveau, les scientifiques nous parlent des dimensions de Planck ou de l'échelle de van't Hoff.

La thèse du rebond, l'affirmation que rien ne se crée ni ne se perd, détruit les thèses de l'origine et de la fin et annonce celle de l'Alternance.

Ceci va à l'encontre du bon sens classique.

Pour l'esprit humain, il faut une origine à la création, à ses malheurs, aux accidents qui arrivent, des jugements, des sentences. Plantons le décor : il n'y a pas de vieillard respectable et savant pour guider l'humain dans sa route et le contraindre. Comment ferait cette personne pour diriger cette puissance compressive ?

S'il existait un Dieu, il ne serait pas libre, pourquoi ?

Par la thermodynamique, l'Univers a produit ses propres lois qu'il nous faut mettre en exergue.

Il n'a même pas explosé dans l'espace, mais a enflé et repoussé violemment ses bords qui le maintiennent.

Du rebond-compression à maintenant, il s'est transformé, même si certains doutent de l'inflation.

Il n'a pas de bords concrets que l'on pourrait creuser et franchir. Ses bords, c'est l'expression de la gravitation, ou d'une autre force à l'échelle de l'Univers, combien de fois va-t-elle s'inverser ?

MAURIAN

Nous constatons une histoire des disjonctions et relations.

AUDREY

Les nœuds de relations créent les ancrages, les points de vue similaires. Sans liaison, comment veux-tu que les provenances s'instaurent ? Du reste, le vocabulaire trahit l'histoire : ça provient de... elle s'est formée à partir de...

S'il y a provenance, il y a forcément dynamisme et relation de causalité.

MAURIAN

Regardons le ciel comme nous invite à le faire Lee Smolin. Nous y voyons quantité de phénomènes qui se déroulent de cause en cause qui semblent disparates, mais, à la longue, les provenances livrent une histoire. Celle-ci va finir par trahir une unicité, comme les phases historiques.

Ces phénomènes sont autant de visions qui frappent nos sens, que notre esprit agence et que nous accordons comme les cordes d'un piano pour jouer une harmonie.

Les notes sont différentes.

À ce moment-là, Lee Smolin nous dit qu'il ne faut surtout pas prendre le mot « visions » dans le sens : « Oh, tu as des visions, tu es malade », les visions en question sont nos représentations sans lesquelles notre esprit ne fonctionne pas. Ce sont « visions » au sens d'élaborations, traitement du cerveau, des stimuli.

C'est la seule réalité que nous avons à penser quand nous regardons une planète, un spectacle ou l'écran d'un accélérateur de particules. Visions qui renvoient à...

Nous nous débrouillons quand même pas mal avec nos visions, car nous créons des avions, des trains, nous avons appris à connecter les éléments.

Lee Smolin va allier deux idées du philosophe Leibniz : les relations et la proximité du temps. En somme, s'acheminer vers le tout de Kant, à ceci près qu'il sera dynamique et séparé de la divinité.

Des visions, des points de vue proches partagent des histoires, des causes.

Audrey

Connaître l'enchaînement des phénomènes, c'est connaître les causes de l'Univers. Mais nous ne pouvons pas connaître TOUT ce qui s'est produit.

Nous avons deux défis : l'immensité du passé, même si nous plaçons un début conventionnel, et l'ignorance du futur. Deux immensités de combinaisons qui représentent notre ignorance et notre liberté.

Nous concevons un ordre, une logique, un formalisme. Celui-ci n'est pas pour autant garant d'une réalité. Rappelons les sophistes et Socrate.

Socrate qui recherchait la logique, la raison, et les sophistes qui jouaient de la déraison.

La réalité est le produit du Chaos et du temps.

D'un côté, les phénomènes sont assemblés par les zones de notre cerveau et de l'autre, produits par les lois causales temporelles de l'Univers. Que sont d'autres les lois de notre cerveau ?

2) Réalité reconstruite

Maurian

Tu vois l'enjeu du sens du temps, des relations et de la perception dans notre cerveau.

La recherche d'un sens, de relations, renvoie à la compréhension, à une mise en ordre.

Audrey

Y aurait-il une logique dans notre Univers ?

MAURIAN

Cette dernière renvoie aux causes fondamentales que tu déduis des arrangements des phénomènes, c'est une logique de devenir.

AUDREY

Le réel se chaîne comme temporalité. C'est une règle.

Tu trouves un entrelacs de connexions énergétiques, de stimuli, ce qui en soi n'oppose plus Einstein et Bohr.

Autrefois était réel le solide, une pierre, un arbre, puis les liquides, les gaz sont aussi devenus réels. L'eau, l'huile sont en vérité constituées d'atomes différents. À ce niveau, nous traitons des stimuli.

Tous ces états trahissent des sous-niveaux temporaires et laissent deviner des faits producteurs.

Le plus bel exemple que nous ayons, c'est nous. Nous sommes constitués de phosphate, de manganèse, de cuivre, de tous les minéraux, dans notre cœur, la peau, les reins, pieds, autant de cellules, d'atomes qui s'agitent.

Si nous cherchons une ultime vérité, c'est la réponse à la question : qu'est-ce qui aligne et combine tous les différents niveaux ? Le réel, c'est une complémentarité qui constitue une région de strates volumiques fonction du temps.

MAURIAN

Tu vois comment une simple interrogation sur la distance, l'espace et le temps, l'énergie, la vitesse peut entraîner une revue de grandes questions.

Comment des quanta qui parcourent l'Univers peuvent-ils s'arrêter et rentrer dans une configuration qui, elle, va prendre un rôle, une fonction dans notre circulation sanguine, notre cœur, une protéine, notre cellule, une bactérie, notre cerveau, nos pensées ?

Nous avons vu comment ces milliards de granules sont amenés à se compléter et à rentrer dans des alternances créatives et amènent un raisonnement.

L'Univers et les vivants combinent une temporalité que nous essayons d'exprimer.

AUDREY

Quand puis-je dire que le sens de la perception suit celui des phénomènes et de son traitement par la raison ?

MAURIAN

Notre complémentarité avec l'Univers est là. Nous essayons d'accorder le sens de notre perception avec notre logique, sans nous laisser jouer. Je peux m'en donner les moyens.

Nous avons une difficulté fondamentale à lier les deux. Tu perçois des phénomènes disparates que tu agences, tu as une suite de perceptions, puis tu les mets en logique rationnelle. C'est à toi, en fonction d'autres connaissances, de construire cette logique.

Tous les cerveaux expriment des points de vue équivalents et partageant la même histoire. C'est la culture de l'information qui va construire la synthèse des deux.

AUDREY

Ma perception est tributaire de ce double feed-back. Nous extrayons les causes fondamentales en constatant ce que nous avons autour de nous, en recherchant le sens de ce que nous constatons.

Notre connaissance est issue de cette alternance.

Nous sommes un saisi présent constitué de passés et de futurs ignorés et conjecturés.

MAURIAN

Le savoir ouvre un champ logique de compréhension, mais le futur demeurera toujours un pari : sera-t-il un jour aisé d'en cumuler les possibles ?

AUDREY

Nos visions, nos perceptions ne seront que ce que notre cerveau pourra organiser en fonction des connaissances de chacun, voici pourquoi il faut que celles-ci soient les plus grandes possible ou animées des meilleurs principes. Organiser, c'est aussi trier. Si je comprends bien, l'histoire du savoir est l'histoire d'une double adaptation.

Je sais et je me transforme, je me transforme et je sais.

MAURIAN

Revenons aux premiers temps de l'Univers. Tu ne remarques rien ?

Sans vibrations ou variations, il n'y a pas de disjonctions, de fragmentations, ni d'expansions, pas d'espace-temps.

Ce qui me gêne, c'est le mot global « énergie ». Quelle est sa définition profonde ? Un mot global n'explique rien.

Le moteur est créé par la gravitation. Pour déduire la relativité générale, il faut la gravitation. Celle-ci produit la concentration et les fragmentations.

Cette thermodynamique et cette transformation de l'énergie vont créer l'information.

Ces définitions s'autocontraignent, découlent les unes des autres. L'Univers anime ces doubles rapports.

C'est dans les vibrations que s'instaurent les relations, les liaisons et les natures des amalgames. C'est par leurs différentes combinaisons, ce dynamisme interne, que vont se créer les différents phénomènes.

Les flux des vibrations et relations expriment les modes de relation du sens de la temporalité.

Lee Smolin rappelle que « la grande perspicacité de Jacobson a été la capacité à se rendre compte du fait que les équations de la relativité générale codifient une relation entre les flux d'énergie et les flux d'informations ».

Il en conclut que l'Univers est un ensemble causal, un ensemble informatique.

L'Univers et les Vivants ne sont qu'énergie et information.

AUDREY

Les lois sont les mêmes.

MAURIAN

Lee Smolin en tire une loi générale : les événements distribuent de l'énergie entre les événements parents et enfants, passés et futurs, dans le sens où les relations se tissent et entraînent ces derniers. Un événement correspond à la somme des événements passés et diffusera dans ses événements futurs selon l'expansion et la conservation de l'énergie. Ainsi, l'entropie est une redistribution de l'information.

AUDREY

Maintenant, je comprends pourquoi tu es allé chercher aussi loin les lois fondamentales.

Comme l'information n'est que de l'énergie échangée, la conservation de l'une est la conservation de l'autre.

MAURIAN

Et le fondement ? Car, selon la relativité restreinte, l'énergie est liée à l'impulsion. Ainsi, les événements sont chacun les causes les uns des autres et ne sont que des impulsions et transformations des uns et des autres.

Pour en revenir au début, nous avons l'énergie et l'impulsion. Tu ne remarques rien ? Nous ne parlons plus d'espace-temps.

Qu'est-ce que transportent les atomes, les particules, les cordes, les champs, les vibrations ?

Des impulsions et de l'énergie, des informations. Qu'est donc l'Univers en lui-même ?

AUDREY

Oui, mais se rabattre sur la thèse de l'information est un peu pauvre.

MAURIAN

Non, car quand nous parlons d'énergie, nous parlons d'information mais aussi de toutes les structurations qu'elle peut prendre.

Quand nous créons un moteur, chaque élément est une information.

En somme, la relativité que nous pensions au début vient tardivement.

Nous le verrons, Einstein lui-même le savait et l'expliquait.

AUDREY

J'ai du mal à croire que, quelle que soit l'expansion, l'énergie demeure égale, c'est quelque chose qui me heurte de prime abord.

MAURIAN

C'est toujours la même énergie première depuis deux secondes après le rebond ou 13 milliards d'années-lumière d'expansion.

AUDREY

Énergie et information, modulation de l'onde première !

MAURIAN

Reprenons notre raisonnement.

Tous les phénomènes sont des agencements d'énergie provoqués par des impulsions, celles-ci par les variations causales de temporalité, proportionnelles à l'impulsion, aux relations quantiques. Tous les phénomènes de l'Univers sont des transferts, des animations d'énergie en systèmes. Tu remarqueras qu'au stade primordial, nous ne parlons pas d'espace-temps.

AUDREY

Je remarque que nous retrouvons les explications du cosmos opaque, quand les combinaisons ne laissaient aucune combinaison libre.

MAURIAN

Oui, mais pour exprimer un texte, une manifestation quelconque, il faut des mises en relation.

AUDREY

En somme, la géométrie n'est qu'un tracé qui vient après les mises en relation. Nous avons trois imbrications : vibrations et impulsions, libération d'énergie et informations, énergie et structuration. Le théorème d'Emmy Noether sur les symétries, les translations, la conservation de l'énergie, quelles que soient les variations de dispositions spatiales, s'explique par ces équivalences.

MAURIAN

La distribution se conserve dans toutes les variations d'orientation.

AUDREY

Dans ce monde dynamique, tout est transformations et symétries des configurations d'équilibres temporaires.

Comme tu me le faisais remarquer, je ne vois pas d'espace-temps, mais des équivalences de dispositions. La seule question importante devient celle du passage du temps ou d'informations.

Pour Lee Smolin, l'expérience du passage du temps comme différences, disjonctions, joue un rôle fondamental.

Son but est de montrer que les lois sont guidées ou même générées par le tramage des relations fondamentales du temps.

MAURIAN

C'est aussi la complémentarité de Bohr. Pour Lee Smolin, l'impulsion dirige le passage du temps. Les modulations causales.

AUDREY

L'impulsion entre des événements parents et enfants fonde la distribution d'énergie.

MAURIAN

C'est le rapport des lois de forces fondamentales. Les articulations, les combinaisons passent, nouent et dénouent l'énergie.

Chocs et contre-chocs des quanta, tramages et détramages des relations. Notre Univers est l'histoire du temps.

Les impulsions sont la conduction de l'énergie.

Lee Smolin en tire deux conclusions. Des premières impulsions, il dira : « Les systèmes commencent par des phases asymétriques et désordonnées pour évoluer vers des phases plus ordonnées. » « Des lois réversibles peuvent donc découler de lois irréversibles. » Pour lui, la réconciliation de la théorie de la relativité et de la théorie quantique passe par les différentes étapes que nous venons de suivre.

Les variables cachées, les variables des points de vue énergétiques proches, déterminent la simultanéité, la correspondance des phases d'espaces, les covariances d'espaces et donc la diffusion, le partage de l'information. Il n'y a aucune différence entre l'information et l'énergie, les formes que peuvent prendre le temps, les événements puis l'espace.

L'espace, la localité, émerge de la correspondance, de la similitude, de la proximité des faisceaux et tramages d'énergie. L'étape que nous poursuivons, c'est la fusion de la toile des relations avant les grandes différences.

AUDREY

C'est la même pâte qui s'étend ?

MAURIAN

L'Univers EST cette dernière. Il n'y a rien au-dehors. Einstein avait dit que tout, objets et espace, était espace-temps, énergie. Maintenant, les variations de temporalité sont essence du réel.

Est-ce qu'un vieux monsieur que les gens représentent avec une barbe blanche par respect pour les personnes âgées peut créer cet Univers et ces quanta ? Est-il suffisamment puissant ?

Il crée l'Univers en tendant le doigt ?

Nous préférons des créations par relations et covariances évolutives.

Que nous disent les lettres de notre organisme ?

Quatre lettres écrivent des milliards de combinaisons.

Audrey

Si je comprends bien, du début jusqu'aux incendies de forêt, tremblements de terre, collisions de trous noirs, création des derniers tourbillons de poussière qui prennent forme pour créer des systèmes planétaires, rien dans les moyens, principes, éléments ne change, ce ne sont que les combinaisons et principes fondamentaux qui perdurent.

Impulsions d'énergie.

Si nous voulons en vivre, c'est à nous d'étudier les relations causales internes qui supportent les faits.

Les phénomènes ne sont que leur tricotage et détricotage.

Si nous connaissons les enchaînements, nous pouvons quand même en cerner quelques surgissements conséquents du futur. Compte tenu de tel paramètre et de tel autre, nous pouvons prévoir ce qui va arriver.

L'incertitude qui règne et qui risque d'arriver, c'est la différence des répartitions des systèmes dans le temps.

Maurian

Observer, connaître, c'est non seulement observer les enchaînements des événements, mais aussi faire ressortir les causes internes, des liens causaux, qui ouvrent le futur. Il est tout également tracé.

Audrey

Là, tu te retrouves face à plusieurs possibles. La différence entre celui qui va arriver et celui auquel j'ai pensé est la quantité d'énergie que j'ai supposée capable de s'écouler.

La différence ? C'est que je ne connais pas la totalité des sous-jacents, des causes internes.

MAURIAN

Il n'empêche que le futur est composé du passé. Tout ce que tu verras de l'Univers et des êtres ne sont que des visions pour toi et des événements, des phénomènes. En somme, des moments différents ne sont que diverses relations possibles plus ou moins bien liées, qui laisseront passer ou non telle ou telle quantité d'énergie ou d'informations.

Les puzzles et jeux ne sont que les morceaux, les quanta d'énergie qu'il faut réassocier selon des propriétés profondes.

AUDREY

Je comprends le niveau des relations causales. Tu devines où se dirige l'eau selon la pente, mais dans l'Univers ?

MAURIAN

Le Cosmos, le Vivant sont un ensemble d'événements. Comme le font les spéléologues des pyramides, les paléontologues, la recherche fondamentale doit associer les morceaux.

Quand nous parlons d'un être, nous ne pensons pas qu'il a un cerveau, un cœur, des poumons, des pieds, des mains, nous pensons global en fonctionnement, nous allons directement à l'information qu'il transmet. C'est un humain. Que nous dit cette momie ?

Il n'y a qu'à assembler les Lego, produits de l'univers.

AUDREY

Assembler selon un ordre logique me rappelle Einstein. Mais je pense à la question d'Edgard Gunzig, « Que faisiez-vous cinq minutes avant le Big Bang ? », que l'on pourrait détourner en « Que faisiez-vous avant votre conception ? »

Avant les relations qui t'ont créé, l'expression de l'information, de l'énergie, il y a la longue histoire du Vivant et de l'Univers.

Je ne connaîtrai jamais tout, c'est une idéation, une création de mon cerveau.

À ce moment, nous sommes obligés de raisonner par idées générales.

D'une synthèse, mon cerveau m'explique le tout en quanta et lois. La totalité est faite de morceaux unis par des forces. Elles arrivent à créer des Univers, des vivants.

Après ce que nous avons vu, je ne vais pas te parler de buts supérieurs ou de causes divines, puisque, même s'il existait un Dieu, il aurait dû se plier à des règles de densité, de température, de dépendances, qui ne cadrent pas avec un Dieu tout-puissant présidant la création.

MAURIAN

Nous voyons que les humains sont toujours tombés dans les mêmes errances, c'est un besoin psychologique, il leur faut conclure à une synthèse supérieure qui les dirige.

Il n'y a pas de certitudes scientifiques ou mathématiques avec un pourcentage absolu (ce que souhaiteraient beaucoup de gens. Dans ce cas, ils oublient qu'ils perdraient leur fameuse liberté). Tous ces gens concluent trop vite. Je pense que l'approche de la vérité sourit à ceux qui font un peu d'efforts. Pour parler le langage d'un tribunal, que les fortes présomptions sont dans l'autre camp. L'Univers n'a eu besoin de personne pour se créer.

Je ferai une remarque en m'appuyant sur le grand génie Michel-Ange. Quand il a peint le plafond de la chapelle Sixtine à Rome en représentant Dieu créant Adam et tendant le bras pour transmettre le don de vie, d'animation, il l'a peint dans une étrange coque s'apparentant fort au cerveau humain en arrière-fond. Interprétation, mensonge, diront les uns, d'autres diront que le peintre entrevoyait très bien la réalité et que le message qu'il voulait transmettre était que toutes ces sublimations et tous ces transferts de grandeurs n'étaient que processus de pensée et d'imagination. Pensons aussi à l'allégorie de Platon et à ceux qui font l'effort d'essayer d'en sortir, ou à Léonard de Vinci.

Les hommes ont besoin de croire à quelque chose de grand qui peut les consoler, les punir ou les récompenser avec l'espoir d'une vie meilleure pour qu'ils continuent à vivre. J'y vois surtout un suprême péché d'orgueil : moi, petit homme, je voudrais sortir de ma condition et dominer.

Nous sommes composés d'atomes et d'énergie. Leurs combinaisons finales déclinent, non les composants primaires.

La question qui va se poser dès lors est : que devient l'inscription de notre information ?

Est-elle inscrite dans un atome comme dans un gène, où va-t-elle aller ?

Ne pas demander un autre monde, mais savoir que je suis limité pour m'améliorer.

AUDREY

Nous n'avons jamais vu des inscriptions se mettre à vivre, même avec l'extrême temps, elles s'effacent. Mais nous avons vu des gènes et protéines chargées d'informations conduire les chaînages vivants, se multiplier.

MAURIAN

L'information et l'énergie. Pour moi, le défi explicatif est bien là. Que se transmet-il par-devers le Vivant ? Je ne vais quand même pas penser que je suis l'Alpha et l'Omega de cette aventure ? Mes atomes sont emportés avec d'autres pour entrer à nouveau dans d'autres compositions. Ce qui ne veut pas dire que je pense poursuivre ma vie. Je pense simplement que mes atomes servent à autre chose qu'à constituer mon corps. À quoi sert l'aventure de l'Univers et du Vivant ? À quoi servent les enregistrements des vies et différentes configurations ?

Les atomes sont captés et reçoivent leurs places et leurs rôles, mais que deviennent ceux qui dirigent la mise en place de mes structurations informatiques ?

Y a-t-il un niveau fondamental d'inscription, d'atomes humains pour les humains, chats pour les chats ? Si l'énergie demeure, l'information demeure.

Des savants sont persuadés de faire revivre des dinosaures à partir de quelques gènes, d'autres de prolonger l'existence pour un temps.

Ils ne vont pas agencer une à une des milliards de combinaisons.

Quel grand homme aujourd'hui voudrions-nous faire revivre ?

Que suis-je, moi, face à la mort ? Rien qu'une collection d'informations, comme tous les autres. Où va cette dernière ?

Quand je mourrai, les quanta de mon système reprendront leur ronde en cassant l'unité de ce dernier, de mon onde de synthèse.

AUDREY

Je suis d'accord avec ce point de vue. Je suis un ensemble de relations dirigées qui a réglementé tout mon être, où vont mes feed-back ? Une machinerie aussi finement réglée ne servirait-elle plus à rien ?

MAURIAN

Toute notre vie, notre corps se répare pour se décomposer dans la terre. Curieuse destinée, des milliards d'ordres et de remplacements, avoue que c'est idiot ! De plus, quel manque d'efficacité et d'économie. Cependant, il n'est pas question pour nous de tirer des conclusions farfelues.

Que nous apporte le réel matériel ? Une signification fort indépendante mais plus sûre des relations quantiques.

« Il faut savoir s'orienter au moyen de nos concepts et de nos relations mentales dans nos impressions sensibles. »

Einstein qualifie ces relations et assertions d'arbitraires et de produits de l'esprit, dont le caractère ne permet jamais de garantir qu'elles sont des illusions, mais qui sont reliées d'un côté aux impressions sensibles et de l'autre créées sur les connexions mentales.

Il s'agit là d'un double effet, car nos pensées mettent un ordre logique, une coordination fonctionnelle dans ces expériences. Au passage, il rend hommage à Kant en disant qu'il n'y aurait pas de sens à admettre un monde extérieur sans compréhension.

AUDREY

Le sens est la rencontre des deux. Le but de la science est la compréhension aussi large et logique que possible des expériences sensibles avec un nombre restreint de principes et de lois.

Il manque au scientifique exigeant une unité logique.

Pour lui, nous ne savons pas encore comment cette exigence se traduira dans un système en reformation perpétuelle. Le passé nous fournit des étapes mémorables.

Les principes existants ne semblent pas exprimer la réalité logique. Si nous prenons des coordonnées d'espace euclidien ou de son époque, elles marquent des points sur des droites, mais non le dynamisme d'un mobile et sa trajectoire. Il manque les notions de force et de résistance de l'objet.

Quant au temps, Newton en fait deux références : celle du temps sensible et local et un autre divin, vague et absolu.

MAURIAN

Impossible pour Einstein.

La vitesse de la lumière marque le temps et la distance.

L'interaction des mobiles et des forces fait appel à la notion de champ qui se modifie par leur impulsion.

Pour Einstein, toutes ces propriétés sont issues de celles du champ.

Aussi, la théorie de la relativité est définie par Einstein comme théorie des champs. Elle doit laisser sa place à une théorie qui explique à la fois les quanta dans leurs variations, leurs articulations, leurs dispositions et leurs combinaisons, et les masses dans leur devenir que sont les courbures.

Pour certains commentateurs, l'Univers devrait de plus en plus ralentir, voire s'arrêter. Ce n'est pas ce qui est constaté, dans la mesure où il accélère continuellement. Nous avons l'impression que plus il s'étend, plus il se libère de la contrainte des masses ou plus il est aspiré par une force autre.

Mais se pose ici un autre problème : la différence entre la théorie classique et relativiste.

La chaleur d'un système et son rayonnement sont proportionnels à sa température. Or, l'expérience montre que ces deux propriétés chutent plus intensément.

Il est ainsi démontré que l'énergie d'un système ne peut pas prendre n'importe quelle valeur, mais seulement des valeurs proportionnelles à celles de Planck.

La mécanique quantique essaie d'expliquer la gravitation en mêlant les notions de points matériels, de quanta et de force.

Le caractère statistique qu'elle développe montre pour Einstein son caractère incomplet.

Lui tend à expliquer tous les phénomènes physiques par la théorie des champs.

Les points font masse et ne sont pas de minuscules briques.

Einstein constate que lorsque Schrödinger parle de la fonction résultante de deux mobiles, au lieu de les traiter comme deux atomes, il les considère comme plusieurs systèmes.

Selon Einstein, l'équation de Schrödinger parle de temps des mobiles A et B sans préciser lequel et suppose donc un temps absolu et une énergie de rencontre qu'il qualifie de potentielle. Ce temps général et cette énergie globale n'existent pas. Pour lui, on ne peut les considérer comme éléments d'équation quand déjà la relativité les a écartés. Comment quantifier des forces d'interactions ? Il faut partir de la théorie des champs, de la transformation des champs, mais ce cas amène à appliquer les théories statistiques qui confèrent aux atomes un champ de liberté infini ; ce qui déplaît à Einstein comme réintégration de l'Éther. (Ou bien considérer les transformations de Lorentz et les impulsions d'énergie comme covariantes, grains de sable qui font masse.)

Les atomes ne sont pas libres et subissent des lois pour s'associer.

Audrey

Nous avons la théorie de Maxwell, dont les équations ouvrent sur la théorie électromagnétique, la thermodynamique s'ouvre sur la physique classique, la mécanique quantique sur des équations statistiques incomplètes ou plurales sur le devenir des systèmes multiples. Toutes ces sciences doivent pouvoir être unifiées.

Maurian

Pour Einstein, cette théorie doit être élaborée. Il l'a cherchée à travers la théorie des champs, les travaux de Schwarzschild qui débouchaient sur les particules neutres.

Pour le moment, la théorie de la relativité et celle des champs ne sont pas capables d'expliquer la théorie « moléculaire » de la matière, la théorie quantique non plus.

Nous avons essayé de passer de l'une à l'autre en exploitant les thèses de Lee Smolin. Comment passer de la considération des grains de sable lors d'une tempête à la courbure ?

À la suite de Faraday, la notion de champ dans l'espace généralise toutes les explications. C'est elle qui met en ordre et aligne les limailles de fer.

Les champs électromagnétiques se propagent à la vitesse de la lumière.

Les champs puis les ondes dictent aux particules.

Ainsi, si la matière peut aisément s'expliquer comme champ, il est possible d'expliquer les actions des sous-jacents. Cependant, on a découvert des échanges entre les quanta et les champs (Lee Smolin).

La théorie de la relativité restreinte est née de la recherche d'unité logique. Elle reprend la base logique de la théorie de Maxwell et celle de la propagation de la lumière dans le vide ayant subi une transformation de Lorentz (c'est le passage de coordonnées de deux référentiels l'un par rapport à l'autre à quatre dimensions de Minkowski).

Il n'y a pas d'actions à distance au sens de Newton, et quantiquement, il n'y a pas de courbure. Il y a inscriptions de dispositions, d'orientations dans l'énergie, qui se conforment à plusieurs dimensions.

La relativité vient avec l'espace et le temps, non avant !

La seule explication concrète est fournie par Einstein lui-même dans les conséquences de ses équations : entre deux formes d'espace-temps, il existe une correspondance par un trou de ver.

Il y aurait dans l'espace-temps des tunnels, une relation plus fondamentale.

Toutes les parties obéissent au tout.

La théorie de la relativité est la tentative d'unir deux points connus qui n'ont a priori rien à voir entre eux ; l'inertie et le poids du corps, ce que l'on appelle aussi la masse « pesante » du corps, et la force qu'il faut exercer pour le déplacer. L'une freine, l'autre agit. A priori, car, pour bouger un corps composé d'énergie et un espace composé du même état, il y a forcément une manière de faire évoluer les deux modes en présence.

L'union des deux comme courbure de l'espace, c'est-à-dire comme une même force, a permis d'entrer dans l'équation du déplacement des planètes.

Cette constatation (comment savoir si la masse chute ou est tirée) ouvre sur l'impossibilité de distinguer entre un mouvement vertical, tiré par une fusée ou en chute libre. Ces effets sont dus au champ de gravitation et au principe d'équivalence qui s'exerce entre les deux forces : dans l'espace, monter ou descendre s'exerce par la même énergie. Monter ou descendre dans l'espace n'a pas de sens.

Nous étudions le cosmos comme amalgame de quanta et essayons d'appliquer les mêmes lois.

Quels degrés de liberté, quelles relations accorder aux parties par rapport au tout ?

Quand Einstein démontre que tous les référentiels sont équivalents, il démontre que toutes les positions, et que tous les points dans l'espace, sont équivalents. Dans l'énergie concentrée du début, il n'y a pas de liberté. La liberté relative entre les quanta vient après.

La relativité et l'électromagnétique constituent des sciences sans lien logique.

Comment concilier champs, champs de forces, quanta et ondes ?

Schrödinger a bien essayé, en partant d'une petite surface, d'expliquer la diffusion d'une onde dans tous les sens, mais il n'est arrivé mathématiquement qu'à produire statistiquement les fréquences possibles des systèmes dans les différents lieux.

Pour le moment, nous ne possédons pas la théorie globale et logique que cherchaient les scientifiques.

AUDREY

Sommes-nous prisonniers de nos exigences ? Nous disons que dans l'espace, il n'y a ni haut ni bas, ni droite ni gauche, mais nous exigeons d'une science qu'elle nous dise que l'élément va s'instaurer là, en tel ou tel angle par rapport à tel autre.

Face à cette impasse, Einstein propose de repartir de deux de ses principes, principe de conservation de l'énergie et de conservation de la masse.

Cette dernière possède une valeur. Pour la bouger, il faut exercer une force équivalente.

Ni la chaleur ni sa composition chimique ne la changent. Elle est invariable.

Il en va de même pour notre Univers.

Maurian

Le principe de conservation de l'énergie a absorbé celui de la masse. Dans la célèbre formule, il est noté en le multipliant par la vitesse de la lumière, en rappelant qu'il s'agissait de la masse d'un gramme, multiplié par cette dernière, ce qui donne une énergie considérable et exemplaire.

Considérons la densité maximum de l'Univers au début, dans le constat de Schwarzschild concernant le rayon et la densité de celui-ci. Imaginons avec Einstein le rétrécissement maximum sans ratatinement à zéro. Nous ne pouvons qu'en conclure le rebond de l'Univers.

Le principe de relativité relie le principe de conservation de la masse à l'énergie. L'un ne va pas sans l'autre, l'Univers, l'énergie, est un champ qui se gonfle. L'énergie sera toujours celle d'une redistribution.

Deux logiques s'affrontent entre deux points. Il faudra toujours un certain temps pour les joindre, mais les deux points exprimeront aussi toujours leurs unités primaires.

Pour aller de l'un à l'autre, quelle loi, propriété, choisissons-nous ?

Chaque fois que les coordonnées d'un système inertiel subiront les transformations de Lorentz, elles deviendront équivalentes (page 112 des *Conceptions scientifiques* d'Einstein). Einstein en tire plusieurs synthèses. La théorie de la relativité restreinte a unifié l'unité du champ électrique et magnétique, elle a réuni en une seule loi la conservation de la quantité de mouvement, de la masse et de l'énergie.

Masse, énergie et information sont constantes.

Audrey

Je voudrais reprendre : Einstein consacre la masse comme loi, masse comme énergie et masse comme force, masse comme compression d'informations.

Plus nous voulons accélérer un corps, plus sa masse augmente. Ainsi, si nous voulions reconstituer l'énergie première théorique, nous devrions disposer de la masse de l'Univers comprimée.

Que représentaient notre énergie et sa vitesse quand les photons n'étaient pas encore créés ? Comme le prétend Lee Smolin, les premières lois causales sont bien là.

Maurian

Relations des parties et du tout, dira Kant. Tissage de perfections et relations, dira Leibniz, des trous et des flux d'énergie, répondra la théorie des cordes. Tout va dans le même sens. Les parties, physiquement, renvoient instantanément l'image du tout et vice versa.

Il en va de même dans le corps humain. Toutes les élaborations s'appuient sur la hiérarchisation des systèmes.

Pourquoi Einstein s'en est-il tenu à l'évidence du rapport entre énergie et géométrie ? La fierté qu'il en concevait ne l'a-t-elle pas empêché de développer d'autres considérations qu'il avait trouvées ?

La relativité générale s'appuie sur l'équivalence masse-énergie, démontre l'égalité des transformations des coordonnées pour toutes les positions. Nous pouvons y voir autre chose et dire comme Lee Smolin : tous les points sont équivalents comme points de vue dans toutes les échelles de grossissement.

AUDREY

Que voulait dire Einstein par « équivalents » ?

De n'importe quel point d'où tu partes, tu pourras te localiser en prenant trois coordonnées, qui seront elles-mêmes relatives. Tous les points sont relatifs entre eux.

Les référentiels, les points, et donc l'information.

De quoi sont composés les champs ? Ce sont des communautés de masses, mais aussi des amalgames d'éléments.

Selon la focale, je vois les effets ou pas.

Quand je ne perçois pas l'immédiateté, je pense communauté de relations, d'informations traductibles.

Ainsi, tout est quantiquement relié et tissé.

MAURIAN

Einstein prend en exemple l'atomiste Leucippe, quand il considère que l'eau a gelé et changé d'état. Il considère finalement que sous différents états, l'essence de la chose n'a pas changé, comme les ontologistes considéreront plus tard que l'Être ne change pas sous ses modes de révélations.

Bien des années après Bernoulli, les scientifiques ont perçu que les gaz, l'agitation des molécules (sans les voir) exercent une pression sur les parois d'un bocal.

Nous découvrons une loi sans la voir.

Maxwell découvre et explique l'interrelation du champ électrique et du champ magnétique. Il déroule des équations qui expliquent l'optique et la lumière. Il inclut l'optique dans l'électromagnétisme. Ce sont des relations communes, induites, non séparées.

En plus, comme la gravitation, il traduit en équations différentielles l'espace et le temps.

Einstein répond qu'il n'est pas question de créer un éther indépendant, d'introduire des variables synthétiques, la notion de champ comme interaction électromagnétique se suffit à elle-même et ne peut pas remplacer une notion d'espace absolu, qui à ses yeux n'existe pas.

La décompression, le champ qui s'étend, véhicule les quanta comme fragments issus du frottement de l'énergie et de l'espace.

Le champ composé des quanta exprime une loi que la quantité, le volume du gonflement, subit. Depuis le début, ce qui s'étend, quel que soit le nom que nous lui donnons, c'est l'Univers comme champ.

AUDREY

L'espace-temps est un continuum, un champ qui lie des espaces lointains.

Le champ électrodynamique, l'onde de lumière sont unis par un champ qui véhicule les quanta.

Ce dernier explique la mise en ordre des particules de limailles de fer sur une surface.

MAURIAN

Un champ, c'est un ensemble de relations, d'influences réciproques. Il faut en appeler à la notion de système. Chaque fois que des fragments constitueront un système, il y aura une double équation de réciprocité et de lecture possible entre la composition et la totalité. Si nous parlons de composition, nous considérons les quanta. Les deux visions s'excluent et se complètent et ne sont pas des effets de miroir. Ainsi, quand s'épuisent des éléments de calcium, se cumulent des éléments de phosphate. Quand il y a l'électricité, se produit le magnétisme. Quand les parties agissent, l'information s'écrit dans le tout. C'est ce que Bohr appelait la complémentarité.

Dans la complémentarité du niveau basal, chaque fois que se constitue quelque chose, son opposé, ses forces, ses exclusions sont déjà à l'œuvre.

La complémentarité annonce que les éléments sont covariants dans le sens où ils composent une totalité, même dans les alternances, la masse globale est invariante.

AUDREY

Si la masse globale est invariable, l'information générale demeure. Les répartitions se compensent.

Que représentent la collection de points voisins et équivalents d'Einstein et la collection des points de vue similaires de Lee Smolin ?

Dans les transformations de Lorentz, s'il faut voir la position des points dans l'espace, il faut voir leur répartition dans les dimensions.

La théorie des cordes dira la même chose. Ce ne sont pas les formes, mais la quantité d'Énergie (qui demeure égale) et le nombre de trous qui importent.

Comme l'espace est de l'énergie (information), il nous faut considérer des courants dans le champ d'extension, démêler les flux d'information (le chaos, l'aléatoire).

MAURIAN

Que sont les grumeaux dans une pâte, les tourbillons de bulles quand tu fais bouillir de l'eau dans une casserole ?

Einstein assigne à la théorie de la relativité deux buts : définir quel est le caractère mathématique du champ, que ses équations soient valables pour ce champ.

AUDREY

C'est une vision unificatrice.

La théorie de la relativité devient de plus en plus logique et rationnelle, mais incomplète pour expliquer les quanta.

Elle est fournie par des équations différentielles.

MAURIAN

Les masses à tous les niveaux expliquent les modulations des transformations, les tensions entre elles.

La théorie doit devenir une théorie générale distributive.

Einstein expose très naturellement les limites de sa théorie et explique que mathématiquement, il n'y est pas arrivé.

Encore une fois, ce sont les complémentarités, les relations qui vont imposer les affinités.

Les différentes lois causales peuvent expliquer les variétés des compositions.

N'est-il pas vain de demander à une théorie dite générale d'expliquer l'existence de l'infinie diversité, du moindre quantum, quand de toute façon, tout se résume à une théorie de champs composés d'autres qui lui obéiront ?

Quelle influence apporte la partie issue de la division jusqu'à cinq cents ou mille zéros après la virgule ?

VII - Conclusion

Maurian

De cette mise en relation des grands textes, je voudrais retenir surtout la simplicité qui coule sous la complexité apparente des thématiques. En second lieu, je retiens la persistance des processus, la complémentarité des éléments, des principes et des systèmes. Quand le cosmos ou la nature trouvent quelque chose qui fonctionne, ils ne cessent de l'utiliser. Il ne sert à rien d'avoir une belle théorie que nous croyons démontrer si elle ne s'intègre pas avec les autres.

Chaque partie trouve toute sa place dans ce grand puzzle, c'est ce qu'expose très bien É. Karsenti.

Audrey

Tu es allé chercher à leur naissance les principes fondamentaux qui nous dirigent. Bon nombre de civilisations croient à une existence après la mort, car elles refusent que la vie puisse se terminer aussi bêtement. Tous ces ordres, ces remplacements pour rien, surtout quand on passe de système en système, comme l'énergie et l'information sans arrêt.

L'adage nous dit : « poussière tu es, poussière tu redeviendras. » Je préfère penser atomes, énergie, quanta tu es, atomes, énergie, quanta tu redeviendras, ou information tu es, information tu resteras. Mais dans ce cas, si rien ne disparaît, quel est mon rôle dans l'action future globale comme quantum particulier ou chargé d'informations ?

Ce qui dérange, c'est que vivant ou mort, tu exprimes ces quanta qui te dépassent. Vivants ou morts, ils ont tramé, ils trameront après toi. Ils se moquent bien d'exprimer un corps vivant ou mort à leur niveau.

À quoi servira plus tard mon information ? Vivant ou mort, qu'es-tu au niveau quantique informatiquement ? Dans la vie, tu te comportes comme si tu étais l'aboutissement. Quel sens donnes-tu, toi-même, à ce niveau ? En lui, vivant ou mort n'ont aucun sens. Nous nous comportons en orgueilleux.

Il n'y a rien de nouveau en ce monde, si ce n'est le fait suivant : les atomes de l'Univers passent et repassent, ils ne connaissent pas M. et Mme X qui viennent d'avoir un enfant. Ils désagencent et agencent.

La construction du vivant ne serait-elle que cette construction temporelle ?

Ces atomes de calcium, de phosphate, et tous les composants que nous avons vus s'alignent bien sagement pour rentrer dans des combinaisons efficientes pour créer les protéines et les gènes, pour assembler les Lego humains.

Que représentent ces petits systèmes vis-à-vis du Cosmos ? Que représente la bactérie qui fait revivre la racine de la plante ?

La question devient : pourquoi des énergies s'associent-elles ?

Il s'en combine partout. Sommes-nous l'une d'entre elles ? Il faudrait d'abord l'expliquer et la respecter. Dans tous les méandres que nous avons parcourus, il n'y a rien de nouveau, que des suites logiques qui nous frappent dans les complémentarités et fonctionnalités.

La vie, la pierre sont somme toute banales. La question que se posait Turing se renouvelle.

Comment un œuf très simple peut-il engendrer quelque chose d'aussi complexe qu'un animal, comment une synthèse peut-elle agencer un être ?

MAURIAN

Je ne vois que deux voies : la logique des systèmes de complexification qui se développent et s'équilibrent temporairement, donc la thermodynamique appliquée aux systèmes, et le mode de combinaisons de Turing avec les phases quantiques, les deux s'organisent. Du chaos, les chocs et contre-chocs, les combinaisons aveugles fondent les chaînages pour créer les bactéries, les gènes, les vivants.

AUDREY

Nous venons d'en parcourir les étapes.

Il faut toujours déterminer à quel niveau de considération nous sommes.

L'Univers est l'histoire de mises en ordre, nos explications y comprises. D'unicellulaires, puis pluricellulaires, de bactéries en organismes de plus en plus complexes, se développent les systèmes de plus en plus perfectionnés qui se rajoutent les uns aux autres, pour aboutir aux formes de vivants que nous connaissons et aux équations les plus abstraites.

MAURIAN

Certains ont pensé à des systèmes pyramidaux surmontés par un cerveau, puis un Dieu. D'un côté, quand deux organismes s'unissent, vous avez des milliards de fragments qui se disposent, se combinent, se distribuent, créent un organisme vivant. Je pense qu'il est logique de se poser la question sans croire à X ou Y religions : que deviennent ces mêmes quanta avec nos informations par la suite, dans la terre ou l'énergie globale ?

Je ne me contente pas de dire que la vie est un miracle et la mort sa fin. Quand les scientifiques nous disent que mon information est une énergie, que je suis énergie, que cette dernière ne disparaît pas, que nous l'exprimons, je me demande ce qu'elle devient.

Dans un milliardième de millimètre d'énergie vivante s'inscrit tout le génome humain et ce dernier trouve le moyen de s'exprimer. À la mort, une bactérie fait que l'énergie n'est plus captée, traitée, je trouve cette constatation plus riche.

C'est également une bactérie qui dans la terre réanime les racines de l'arbre ou des plantes, la patte coupée de la salamandre, les cellules de la petite méduse qui reprend sa genèse.

Le meilleur moyen de lutter contre la mort, c'est encore de vivre une vie la plus saine possible. Mais les travaux entrepris par les généticiens actuels sur les cellules souches, les cultures des bactéries et de gènes, montrent que la division en après ou avant n'est pas si tranchée que cela.

On prélève un organe sur un mort pour le placer dans les informations du Vivant. Avant la naissance, des cellules peuvent être parfaitement prélevées.

Les gens croient qu'ils sont propriétaires de leurs atomes. Ils confondent leur Moi, leur entité juridique et les atomes de l'Univers.

AUDREY

La vie débute quand le système commence à élaborer ses feed-back.

MAURIAN

La question symétrique logique est : pourquoi une fois confirmée meurt-elle ? Vie et mort sont des définitions humaines ou extériorisations de systèmes.

Les Anciens se posaient la question : « Autrefois, au temps de Mathusalem... ».

Qui peut arrêter les quanta ? Au niveau des systèmes complexes et vivants, qu'est-ce que l'usure normale d'un cœur, d'un rein, d'un organisme, surtout s'il remplace régulièrement ses pièces ?

Y aurait-il pour chaque système un cône du temps ?

Qu'est-ce que l'usure des choses ? Rien ne peut durer toujours, certes, mais comment peut-on médicalement évaluer la durée de fonctionnement ?

AUDREY

Une bactérie nous donne la mort, pourquoi se développe-t-elle ? Systèmes mortels d'énergies immortelles ?

MAURIAN

Les grands philosophes et scientifiques s'appuient tous sur des notions de temps, absolus (Newton) ou comme relations (Leibniz), géométriques (Aristote) ; Lee Smolin, lui, veut dégeler le fond de l'Univers, il ne veut pas de fond fixe.

Pour schématiser, il veut changer la théorie de la relativité générale en théorie des relations. Il ne veut pas quantifier le quantique, mais faire apparaître le quantique naturellement gravitationnel.

Pour arriver à cette démarche, il va éloigner l'espace et le temps et les rendre relatifs l'un à l'autre et changer leurs rôles.

AUDREY

Si nous écartons l'espace-temps traditionnel, la structure devient dynamique, relationnelle et relativiste.

Lee Smolin va s'appuyer sur quelques principes simples.

Si deux choses ont les mêmes propriétés, c'est qu'elles sont identiques. Si elles se complètent, c'est qu'elles ont des points voisins. Avec une fusion, comment les énergies peuvent-elles ne pas avoir au début des points de vue similaires, ne pas en garder trace et rendre ces informations contenues ?

MAURIAN

Si elles sont différentes, c'est qu'il y a au moins une unique raison qui les différencie (principe de raison suffisante de Leibniz).

Quand je regarde par la fenêtre d'un train qui roule, j'ai du mal à discerner l'immédiateté du paysage, alors qu'il est très net au lointain. Notons que c'est le même paysage pris dans deux circonstances différentes. Le magnétisme qui n'existe pas sans l'électricité et réciproquement, les inégalités de Bell : tout ceci renvoie au rôle d'élasticité du temps.

La causalité fondamentale, la relation, n'émerge qu'à ce titre.

À travers les variations de dispositions, d'articulations d'énergie, l'information se structure et exprime une loi fondamentale.

Pour comprendre, il faut concevoir un tableau à double entrée.

Ce dispositif représente une distribution dans l'espace, mais si nous relions deux points opposés du tableau par un lien, c'est ce lien qui va primer, non la distance.

Pour Lee Smolin, c'est le lien, la relation fondamentale qui connecte les points.

Les relations entre les particules deviennent des complémentarités, des ensembles relationnels, des informations continues.

Pour R. Penrose, la notion de distance est remplacée par celle d'interrelation. Pour la considérer, il faut en appeler à la notion de système et abolir l'espace-temps. Ainsi, au lieu de dire : « A et B sont séparés de cent vingt kilomètres », il faut dire : « ces deux points font partie d'un système ».

Ainsi, à la place d'un fond fixe, nous obtenons un réseau de relations distributives. La physique quantique devient une physique relationnelle. Les volte-face des quanta, le mouvement brownien ne sont que le reflet des relations.

Pensons à la réinterprétation de l'argument EPR...

Sans lois informatiques relationnelles, il n'y a pas d'explication possible et pas de compréhension de l'Univers.

La gravitation les maintient ou les exclut.

Quand deux êtres sont indiscernables, ils sont identiques (principe de l'identité des indiscernables de

Leibniz). Quand ils sont voisins, ils complètent leurs visions.

Pour Leibniz, la liberté, la perfection des connexions ont constitué un Univers le plus varié et le plus relationnel possible. Plus la perfection est grande, plus la variété est connectée, plus le monde est « parfait ».

Une chose ne peut exister par elle-même, chaque chose exprime et dépend de toutes les autres et donc, « chaque chose est le miroir de toutes les autres ». Chaque chose prend son sens dans le tout et ce dernier est dépassé par les éléments constituants.

AUDREY

Tu parles de points de vue proches, de relations, de diverses libertés qui s'équivalent, mais pour moi, elles s'annulent toutes en une, si elles sont toutes équivalentes.

MAURIAN

Une ville se définit par tous ses quartiers, angles de vue et visions que nous en avons.

Quand nous avons des points de vue proches, nous partageons une information globale. Souvenons-nous quand L. Susskind cherche une réponse exacte à la question : où se trouve la tombe du général Grant ?

Les relations et recherches détruisent la localisation.

Lee Smolin note que la maximisation de l'Univers conduit à l'équation de Schrödinger.

Qu'est-ce qu'une collection de points piqués dans un milliardième de millimètre ou plus, si ce n'est qu'une collection de points de vue proches ou compressés comme informations ?

Ainsi, dans un minuscule espace, nous pouvons archiver des informations d'existences variées, les partager et les systèmes peuvent s'organiser.

AUDREY

Je te vois venir. Un être humain exploite les mêmes atomes, les mêmes électrons, les mêmes quanta, mais ses bactéries, ses gènes diffèrent en partie.

MAURIAN

Attention, un chat, un lapin, un humain sont construits à l'aide de Lego, d'atomes, d'électrons, mais les variations d'expression des combinaisons des gènes conduisent à leurs types d'être.

À cause des différences plurales, aucun humain n'est identique à un autre. Pourtant, ils sont faits de calcium, phosphate, carbone, oxygène, eau, protons, électrons, ions... au global, mais ce ne sont pas les mêmes.

Chacun possède sa carte propre et c'est à partir de cela que demain, les médecins soigneront.

Tu vois bien que les systèmes qui partagent des points de vue similaires ou des propriétés similaires ou complémentaires ne peuvent pas être étrangers ou en opposition.

AUDREY

Cartes de gènes, de quanta, d'atomes, de bactéries...

MAURIAN

L'avenir sera riche et complexe.

À quel niveau de profondeur des combinaisons causales naissent nos maladies graves ?

Revenons à la base de la théorie des variables cachées de Lee Smolin. Il considère l'ensemble de tous les systèmes comme des complémentaires tangents et covariants. Ils nous posent d'autres questions.

Tous les passés réagissent pour créer les futurs. Les mêmes systèmes qu'hier produisent les mêmes effets que ceux de demain. Communauté de passés, de présents, de futurs.

La psychologie et la psychiatrie traitent des gens qui refusent et recomposent leur passé, créent un nouveau futur imaginairement.

Lee Smolin appelle cela le principe de précédence et il propose même de l'instituer en principe fondamental.

Le regroupement de lois fondamentales produit les mêmes effets, et fait évoluer les systèmes de la même manière (la foule, un banc de poissons, un vol d'oiseaux, un groupe).

Ainsi, quand des systèmes ont la même préparation, les mêmes circonstances (un groupe, un vol), le même but, une réaction identique (se protéger des prédateurs, ne pas mourir), la même mesure (agir à l'unisson, ailes contre ailes sans laisser le moindre espace d'attaques, prendre les mêmes directions), les systèmes passés ressemblent au présent et vice versa.

Lee Smolin va plus loin et pense que dans ces configurations-là, les systèmes physiques choisiront toujours les mêmes comportements dans leur organisation. Ainsi, un système futur confronté aux mêmes configurations et circonstances choisira les mêmes attitudes.

Notons les convergences de points de vue entre Lee Smolin, É. Karsenti et les travaux de Turing.

AUDREY

Une des leçons qui peut être déduite de ce qui vient d'être dit est que la fameuse immuabilité des lois physiques que tout le monde espère est une parfaite illusion. Les lois sont les mêmes parce que les systèmes, combinaisons et atomes dans les mêmes confrontations produisent les mêmes effets ou alternances. Malgré les milliards de différences, chaque individu s'adapte, et tous rendent une copie globale quasi identique. Finalement, le travail de Lee Smolin s'apparente à un vrai travail de déconstruction-reconstruction.

Nous ne comptons plus sur l'espace-temps comme continuum, mais sur le voisinage des relations et l'usage pratique que nous instaurons psychologiquement comme défilé du temps dans la phénoménologie.

Regardons le ciel ou un paysage devant nous, nous n'avons que les événements et nos visions associés par nos sens et notre cerveau, qui peuvent revenir en arrière ou se concentrer, mais qui ne rendent pas tout à fait l'ordre du surgissement du temps. Celui-ci est donné par l'ordre des causes sous-jacentes.

MAURIAN

Connaître les lois de l'Univers revient à mettre en exergue la structure causale. L'observation des astres montre la gravitation et la relativité, la complémentarité et la dépendance des lois montrent les quanta.

S'appuyant sur Leibniz, Lee Smolin cherche les lois discrètes qui régissent les « nades » : ensemble des événements constitués (page 248 de *La Révolution inachevée d'Einstein*). Un ensemble de « nades » avec des relations causales entre elles constitue un modèle de ce que pourrait être un espace-temps discret ou un espace-temps quantique. L'espace-temps que recherche Lee Smolin est un espace-temps de filiations causales, un espace-temps relationnel, de jonctions complémentaires et de covariances.

AUDREY

Si quelque chose se passe, c'est qu'il y a des causes, ou au moins une suffisante, et des complémentarités ; s'il y a un ensemble d'événements, il y a au moins une ou des causes qui agissent en dessous comme efficientes et produisent à chaque fois les mêmes effets. Il y a donc un tissage de liens causaux qui sont des supports quantiques. Tous les événements ont des événements parents et enfants.

Nous sommes assemblés, les quanta s'assemblent, les astres s'assemblent. C'est parce qu'il y a des liaisons que se tissent les lois de l'Univers.

Lee Smolin cite Rafael Sorkin, auteur de la théorie des ensembles causaux, et développe cette dernière (page 249 de son livre *La Révolution inachevée d'Einstein*). Souvenons-nous de notre rectangle divisé en lignes horizontales, joignant une série de lettres à gauche et de nombres à droite, entrecoupé de lignes verticales. Comme nous l'avons vu, si nous joignons des lettres à des nombres opposés, ce n'est pas l'espace qui prime, mais les relations. Ainsi, l'espace et le temps deviennent des morceaux, des quanta d'énergie et d'information qui s'assemblent et se désassemblent. Il n'y a donc pas de temps continu ni de lois immuables. « L'Univers n'est qu'un ensemble causal », ce qui signifie que l'espace-temps est une illusion.

MAURIAN

Exactement comme un liquide nous apparaît fluide, alors qu'en réalité, il est composé de molécules et d'atomes. Une pierre nous apparaît dure et friable, alors qu'elle est composée d'atomes disparates, de quanta virevoltants.

AUDREY

Il n'y a pas de fluide, de gaz, de solide, tout est fragmentaire ou poussière, tout est quantique, se choque et s'entrechoque.

MAURIAN

Les degrés d'agitation structurent l'énergie. C'est ce dont veut parler Einstein dans son équation.

AUDREY

Le monde est un miroir aux illusions, ni l'espace, ni le paysage, ni les hommes, ni les animaux ne sont tels qu'ils sont.

MAURIAN

Heureusement que nos yeux et notre cerveau organisent le monde à notre portée. Que ferions-nous d'ensembles de grains de poussière ?

Et pourtant, c'est cet ensemble qui nous forme et nous dirige.

Prenons n'importe quel événement dans l'Univers, nous ne pouvons pas l'expliquer autrement.

Pour montrer l'exactitude de la vision et de sa théorie des ensembles causaux, Lee Smolin rappelle qu'il fut un des premiers à fournir une estimation de la constante cosmologique par ce moyen.

AUDREY

Sous toutes les apparences que l'on voit, l'Univers est un faisceau de quanta dynamiques dont le nombre de variations nous échappe.

MAURIAN

Il n'est que réseaux d'amalgames ou exclusions.

Pour définir, il faut une quantité d'énergie unitaire et une information minimum sur une surface déterminée. Les scientifiques ont choisi celle de Planck comme unité. C'est aussi la définition de la plus petite quantité d'informations. Combien de quanta pour fabriquer un oiseau, un chat, un homme ?

AUDREY

L'étude de l'Univers, c'est l'étude du circuit du réemploi de l'énergie.

Si une théorie veut achever et expliquer la théorie quantique, elle doit allier la thermodynamique, la relativité générale, la gravitation et l'informatique. Action, réaction, complémentarité des quanta, relation champ-masse comme conséquence.

Il faut suivre les transformations de l'énergie et ses structurations dans l'organisation de la complexité des systèmes et la dépendance des champs. La seule loi fondamentale qui soit, c'est l'établissement des relations. Toute cause est relative et relativiste.

Pour l'expliquer, Lee Smolin prend l'exemple d'une vidéo d'un procès.

Si vous suivez le déroulement de la vidéo dans le sens du procès, vous n'avez aucun problème de compréhension. Si vous la visionnez en la repassant à l'envers, vous n'arrivez plus à comprendre son sens. Vous devez tout recomposer.

Les scientifiques classiques pensent que les grandes lois, relativité, quantiques, doivent rester inchangées si vous inversez le sens du temps.

Un événement est quelque chose qui advient, et une fois fait, il entre dans le passé.

Ce passage est irréversible et créatif.

Ton auteur fait quand même un bon ménage dans les anciennes considérations et je retiens sa conception des relations causales, le surgissement des impulsions quantiques.

Dans une casserole d'eau que l'on fait chauffer, nous savons que des tourbillons de bulles vont se structurer, mais nous ne pouvons pas dire où précisément. Dans l'Univers, les quanta qui s'agitent finissent par s'organiser puis se désorganiser : cycles des systèmes.

Je retiens aussi le principe des points de vue communs et de la primauté des relations ainsi constituées.

MAURIAN

La théorie quantique admet les collections de points de vue disjoints, mais voisins. Dans cet Univers primaire aléatoire, il y a des consignes de jeu, comme une énergie plus attirera une énergie moins, deux énergies identiques se refouleront. À ces contraintes, nous devons ajouter que matière et antimatière s'annihileront en en créant une troisième, plus le rapport des forces nucléaires fortes, faibles, le magnétisme, l'électricité et la gravitation.

L'extension des règles élaborées conduit l'Univers à s'organiser.

Rappelons-nous Platon et son mythe de la caverne dans laquelle nous ne discernons rien et croyons au chaos, à des chimères et à l'obscurantisme.

Nous essayons de sortir de la caverne par le savoir. C'est par la recherche de rationalité, la connaissance, que nous devons construire nos prises de conscience dans un travail personnel et collectif.

Que penser de ceux qui veulent rester à regarder des chimères, des agitations de poupées ?

Quand nous regardons un événement au loin avec une autre personne, en premier lieu, nous voyons un passé. Globalement, nous regardons le clocher de la basilique Saint-Sernin dans le détail d'un décalage visuel. Réellement, nous collectons des informations voisines d'un même objet.

Que voit-on quand nous observons le ciel, un spectacle ? Nous détachons des phases, nous collectionnons un film de visions.

AUDREY

N'y a-t-il pas de difficultés à parler de visions ?

MAURIAN

Il faut considérer la vision comme un film monté en respectant un ordre logique des faits, comme synthèses élaborées de la perception et du cerveau, agressées de stimuli.

De plus, il faut considérer le quantique dans son niveau réel. Mets ta main devant tes yeux, tu vois des doigts, ta peau et tes ongles et pense que tout ceci, comme notre Univers, est fait de quanta qui s'agitent sans cesse et qui sont créés en provenance des vibrations du niveau fondamental, que les systèmes ralentissent, là, ta réflexion aborde le niveau quantique. Le quantique fait surgir la question du Vivant et de son rapport à la mort. Nous venons de si loin et sommes si fragiles.

Nous sommes des ordres d'étapes et de systèmes associés et associables dans un cône de devenir.

Allons un peu plus loin : mes atomes sont immortels, pourquoi mon système ne l'est-il pas ?

Le vivant s'appauvrit-il en fin d'agglomérat ? À quel niveau se situe la césure, dans les fonctions des systèmes, dans l'adjonction de relations profondes, de connexions (cœur, foie, reins, cerveau) ?

Audrey

Certains vont te dire : « inconsciemment, vous cherchez l'immortalité. »

Maurian

Je cherche ce qui se trame. Je pense et je dis « poussière tu es, poussière tu redeviendras ». La science a été un peu plus loin que cette expression et dit « atomes, quanta, énergie tu es, atomes et énergie tu redeviendras ». Quand elle nous dit que nos informations sont stockées dans nos gènes et que ceux-ci dirigent nos atomes, ou quanta, que devons-nous en penser ?

Un système respiratoire a été fabriqué pas à pas dans les expériences antérieures et enregistré à partir de bactéries qui ont leur vie propre. Nous ne sommes pas des bactéries, mais nous les utilisons dans un tout associé, peut-on nous répliquer. Il y a autant de devenirs entre le système unicellulaire et la dernière intelligence des bactéries qu'entre notre raisonnement et la simple prise de conscience de notre évolution dans la différence de 1 % des gènes d'avec le singe.

Les gens considèrent le « moi », le « je » comme des absolus, alors qu'ils sont l'émergence de sous-systèmes de quanta, de fragments d'énergie formés de bactéries, de gènes, système par système. Ça fait mal à notre orgueil !

Pas besoin d'aller chercher des récits fantasmagoriques, des histoires de monstres, des sorciers dépassant l'imagination, le plus beau, le plus incroyable, la plus riche et immensément fragile des valeurs et qui fonctionne, c'est d'abord la vie, l'orchestration qui fonctionne en nous-mêmes.

Il y a à l'intérieur de notre corps une synchronisation fine des Lego d'énergie, des alternances et des systématisations fabuleuses. Mais un organisme, un être, est-il dissociable de l'information qui le compose ? Et donc se pose la question de celle de l'humain dans son devenir, son organisation et sa vision du monde.

Information partielle recalée sur la globale, qu'est-ce qui agence les Lego pour replacer nos cellules d'œil, de cœur, de bras du vivant ? Combien de temps existera-t-il ?

Audrey

Cette question est fondamentale, car après la mort d'un être, des cellules sont prélevées et introduites dans un autre organisme, ces cellules continuent à vivre.

À quel niveau de la composition ou des systèmes se déroule la mort ?

MAURIAN

Ou la vie. Tu vois comme un passage très rapide sur les questions d'espace-temps, de vitesse, de distance et d'énergie peut se révéler fondamental.

AUDREY

Maintenant que nous avons parcouru bon nombre de Questions Fondamentales, que sont pour toi la vie et la mort ?

MAURIAN

Effectivement, c'était le jeu à l'issue de cette réflexion.

Je pourrais te répondre en raccourci que ta réponse est contenue dans le parcours de *Questions fondamentales II*.

Quelques minéraux brûlants dans les circonstances des extrêmes profondeurs, dans de l'eau malaxée et se refroidissant, ou, étrangement, les mêmes minéraux dans des conditions opposées, de l'espace sidéral ou fondamental, dans des radiations, densités, nuages cosmiques, se ressemblent. La compression ou les orages électromagnétiques entraînent la complémentarité de minéraux, des premières molécules, d'informations et de vie.

Les premiers chaînages vont chercher à se reproduire, à enregistrer ce qui se tolère : ce n'est qu'une recherche d'économie. La Vie est action et réaction (plus-moins, acides, bases, forces essentielles), dirigées par les relations de champs dans les premières complémentarités.

Ce qui se complète et s'oppose commence au niveau des fragments, des quanta, donc à un niveau que la connaissance atteindra fondamentalement dans quelques années.

AUDREY

Attends, est-ce que tu saisis pleinement la portée de tes dires ? Demain, la médecine et la physique fondamentale seront une, et les causes des maladies ne seront plus de dire « c'est un virus, un rhume, une allergie ou une malformation ». Nous verrons toujours la tumeur ou autre, mais la cause sera détectée, détectable au niveau de l'agencement de tels et tels minéraux, atomes, quanta d'énergie que notre connaissance pourra modifier.

MAURIAN

Le médecin dirigera l'accélérateur miniature de particules ou te donnera des principes actifs dédiés pour enlever, rajouter tels et tels quanta qui créent cette tumeur ou le manque de cartilage, ou un dépôt dans la veine, donner aux mécanismes du corps pour que son ingénierie corrige d'elle-même. Nous avons une carte du génome. Demain, nous aurons une carte des composants fondamentaux, des quanta du cœur, du foie, des reins, puis une carte de distribution et répartition des atomes, des quanta d'énergie. Si tous les Lego sont correctement formés, bien assemblés dans le bon ordre, nous aurons du temps devant nous, sinon nous aurons de très nombreuses nouvelles maladies. Que nous le voulions ou non, la santé, la médecine seront au niveau de la constitution de l'être, de ses assemblages, des éléments constitutifs.

AUDREY

Elles seront réduites à une affaire de spécialistes.

MAURIAN

Elles le seront encore plus. Ça commence à être déjà le cas, mais ce n'est pas toujours bien expliqué. On te dit qu'il va falloir rétablir l'équilibre du fer, la pompe à neutrons, à protons, « vous avez tel déficit, des mauvais rythmes »... Te rends-tu compte quand le chirurgien te dira : « Monsieur, il vous manque cinquante-cinq protons, vingt-cinq électrons, ceci vient du fait que vos ions sodium ne sont pas traités par vos ions chlorure. Il va falloir voir si vous les captez, les retenez, après leur absorption. » Plus cette connaissance sera profonde, plus les médecins, les chirurgiens de demain traiteront dans le cœur de la machinerie les combinaisons des particules par les organes régulateurs ou organisateurs. Quels organes se chargent des atomes, et spécifiquement des électrons, protons, quarks ?

Ou bien quand les spécialistes te diront : « Il y a là une mauvaise agrégation de quanta qui peut dégénérer en tumeur. »

Dans cette optique, qu'est-ce que l'usure d'un os, d'un cartilage, d'un muscle cardiaque, de la respiration ?

Plus notre vision change, plus les causes de la mort apparaissent.

AUDREY

Les spécialistes donneront des quanta aux cellules souches qui répartiront les énergies.

MAURIAN

Ils utiliseront l'informatique humaine, les lois générales. Nous ne sommes pas au bout des conflits.

AUDREY

Pourtant, il s'agira d'une cause fondamentale : défendre la vie face à la mort.

MAURIAN

Il est dommage que les gens confondent l'orgueil et le fondamental. Plus encore, il s'agit de notre rapport au temps. Nous parlons sans cesse de circonstances, de lois, de destin, qu'en faisons-nous ? Nous pensons trouver un jour une équation globale expliquant Tout, mais prend-on conscience que des lois qui dirigeraient l'Univers veulent dire hors temps, de tous les temps ? Qui sommes-nous pour juger ainsi, prétendre à connaître la totalité ?

Que deviennent, face à ces affirmations, notre raison, notre cerveau, qui eux sont prisonniers ?

Les faits ont progressé, même à l'aide de techniques d'augmentation de nos capacités.

Le danger : nous cherchons la mesure et nous sommes menacés de démesure.

En posant de bonnes questions, nous nous approchons de données fondamentales.

AUDREY / CANDIDE

Je vais essayer de conclure, bien que dans de tels domaines, il soit bien impossible de le faire. Justement, tu es allé chercher les lois causales qui régissent l'Univers pour expliquer ce qui impacte notre vie dans ses moindres éléments (cellules, bactéries, gènes), codes génétiques et relations des systèmes.

Notre infiniment petit fondamental se fond avec le grand fond fondamental puissant de la théorie quantique et de l'Univers. (Les infinitésimales fictives et indéterminées.)

Il y a en nous une parcelle de hasard, d'aléatoire. Le non-sens, la folie, l'irraisonnable nous semblent illogiques, mais peuvent être expliqués si nous arrivons à placer et à articuler les éléments qui les construisent et qui les engendrent. Ces derniers sont ou trahissent les relations causales qui les et nous font Être. Un phénomène, une chose, un être est à la fois ce qui le fait être et ce qu'il est devenu. Le sens profond de la compréhension que nous recherchons dans tous nos raisonnements et ses formalismes sous-jacents nous confortent dans cet esprit de confiance et de certitude. Il est formé par les traces retrouvées qui l'ont fait être et qui nous font être. Ainsi, les questions que soulèvent ces niveaux sont fondamentales à notre ouverture d'esprit et connaissance. Pour toi, il n'y a pas de questions stupides, mais des esprits qui butent sur un manque de connaissances. Même pour l'Univers, des connexions qui ici sont impossibles peuvent ailleurs et selon certaines circonstances être possibles. Quels éléments vont-ils ici ou là se connecter pour créer de nouvelles combinaisons ? La forme issue de la masse, les objets, les amas d'espace sont des concentrations de quanta, de « points ». Combien y a-t-il de combinaisons et de relations possibles ? C'est un jeu sans fin où nous pourrons toujours lier la dernière à une des nombreuses autres, qui prendra un sens en fonction de ces dernières.

FIN

Table des matières

Bibliographie de référence

Breedlove, S. M., Rosenzweig, M. R., & Watson, N. (2012). *Psychobiologie : Introduction aux neurosciences comportementales, cognitives et cliniques.* De Boeck.

Einstein, A. (2016). *Conceptions scientifiques.* Champs sciences, Flammarion.

Heyer, E. (2022). *La vie secrète des gènes.* Flammarion.

Karsenti, É. (2021). *Aux sources de la vie : de la cellule à l'être humain.* Champs sciences, Flammarion.

Rovelli, C. (2019). *L'ordre du temps.* Champs sciences, Flammarion.

Smolin, L. (2019). *La révolution inachevée d'Einstein : Au-delà du quantique.* Dunod.

Remerciements

L'auteur tient à remercier Rémy Piperaud pour sa relecture attentive et ses corrections.

FSC
www.fsc.org
MIXTE
Papier issu
de sources
responsables
Paper from
responsible sources
FSC® C105338